河南省“十四五”普通高等教育规划教材

统计热力学

(第二版)

霍裕平　曹义刚　著

科学出版社

北京

内 容 简 介

本书从统计角度和气体微观分子图像出发，叙述热能的产生和转化的基本规律，并在热能概念的基础上给出了温度等热力学量的确切表述以及气体、固体和液体热力学规律的统一的微观图像；从局域平衡态概念出发，区分了平衡态热力学和非平衡态热力学。另外，本书简化了传统热力学教材中不必要的概念和讨论，便于读者对热力学有一个清晰的统一的认识和理解。

本书在第一版的基础上增加了思考题和习题，可以作为本科生和研究生的教材，也可以作为高等学校和科研院所物理类专业的教师以及相关科研人员和工程技术人员的参考书。

图书在版编目（CIP）数据

统计热力学 / 霍裕平，曹义刚著. —2 版. —北京：科学出版社，2023.3
(河南省“十四五”普通高等教育规划教材)
ISBN 978-7-03-075198-0

Ⅰ. ①统… Ⅱ. ①霍… ②曹… Ⅲ. ①统计热力学 Ⅳ. ①O414.2

中国国家版本馆 CIP 数据核字（2023）第 047542 号

责任编辑：胡庆家 / 责任校对：彭珍珍
责任印制：吴兆东 / 封面设计：陈 敬

科学出版社 出版
北京东黄城根北街 16 号
邮政编码：100717
http://www.sciencep.com
北京虎彩文化传播有限公司 印刷
科学出版社发行 各地新华书店经销
*
2015 年 11 月第 一 版 开本：720×1000 B5
2023 年 3 月第 二 版 印张：10
2023 年 3 月第二次印刷 字数：140 000

定价：58.00 元

第二版前言

《统计热力学》(第一版)从热能概念入手，明确指出热能是内能的一部分，热力学涉及的仅仅是热能的变化，而不是内能。该书以热能为核心，以分子运动论为基础，从气体微观图像出发，逐步确立热能的概念，并据此建立起温度和压强等热力学量以及热力学状态方程。同时该书还强调指出，热力学平衡态，即热力学状态，与外界条件是一一对应的，外界条件的变化决定了宏观热力学状态的变化，热力学过程其实就是外界条件变化的过程，热力学过程并没有可逆和不可逆的问题。热力学状态方程和热力学第一定律就构成了平衡态热力学的主要内容。此外，该书还指出，气体的热力学规律普遍适用于固态和液态，简化了对平衡态热力学的讨论。关于非平衡态热力学，该书强调了局域平衡态的概念，非平衡态热力学其实就是对系统自身变化的方向性的讨论。

《统计热力学》(第二版)修订了第一版中的若干疏误，并增添了思考题和习题。由于作者学识和经验有限，不妥和疏漏之处在所难免，敬请广大读者批评指正。

作　者

2022年11月

第一版前言

“热能”可以说是人类社会生存及发展最重要的能量形式。有史以来，人类对热能的本质、产生、应用以及与其他能量形式(如动能、电能等)转换的探索就从来没有停止过。因此，在“物理学”中“热学”很早就成为与“力学”并列的最早形成的子学科，广泛地应用于人类的生活、生产与技术的发展中。对于现代社会，热能更是人类将天然能源如煤、石油、核燃料大规模转化成可直接应用能量的主要通道。蒸汽机就是最早将煤燃烧大规模产生热能，再转化为机械能做功的设备，从而开启了人类社会机械化的进程。至今，如何高效地获取热能，如何高效地将热能转化为其他形式的能量仍是各类技术发展首先需要考虑的问题(节能)。因此很多人也称“热学”为“热力学”。尽管自 19 世纪以来，人们对物质的微观构造及运动规律，以及物质的微观结构与宏观现象的联系(统计物理)有了愈来愈深入的了解，但热力学学科仍然基本上保持其纯“宏观”的面貌，即从宏观概念的“定义”出发，引入一些“定律”，再由逻辑推理得出所有可能的结论。因此，在热力学的专著或教材中，看不到热力学作为学科的“时空局限性”，一些基本概念以及一些所谓“热力学函数”都缺少确切的含义。因而一般初学者都感到很难理解热力学的核心内容，更难于主动地在不同情况下应用热力学。最突出的例子是在平衡态热力学中“热力学第二定律”的意义。平衡态热力学讨论的核心问题之一是热力学过程，特别是热机效率。我们将看到，在明确了“热能”及“热力学状态”的含义后，讨论热力学过程及热机效率只需“气体物态方程”及“热力学第一定律”和“比热”，完全不涉及“热力学第二定律”，当然也不必引入与各种不同“热力学过程”相应的“热力学函数”。因此，如果不考虑“非平衡热力学过程”，平衡态热力学入门及应用应该是不难的，物理图像也应该很清楚。这使我们深深感到，为使热力学能进一步深入发展，能更广泛地应用于能源技术领域，应该从根本上改造热力学的学科结构，加强其统计物理学的基础。这是我们打算将本书作为专著出版的主要动机。

改造热力学结构的最早推动力来自21世纪初郑州大学及陕西师范大学部分物理老师改写“物理学基础教材”(即通常称之为“普通物理”)的打算。我们深深感受到“近代物理”(指从20世纪中叶发展的原子、分子层次的“微观物理”)对当代新技术革新及人类正确认识客观世界的重要性，所以“近代物理”应该也是“现代物理基础教程”的重要内容。由于大学中基础物理教学的教材篇幅有限，课时总数近于饱和，在保证学科教学质量的前提下，“经典物理”(力、热、电、光)等子学科的篇幅至少需要减半。改造传统热力学的学科结构是面临的突出困难之一。由于存在诸多比较含混的概念，以及不易理解的推理过程，课程篇幅几乎不可能大幅削减。而且即使不做削减，历来经验表明，学生学完后也很难真正理解热力学真正有意义的结果。我们只能从统计物理学(哪怕从简单的气体动力学)出发，去理解气体热力学的基本概念及适用的时空尺度。新的热力学体系可称为“统计热力学”。几经重编、修改和简化，我们将其放入新出版的现代物理教程中。两次在物理系一年级的试讲，只用了二十多学时，得到的效果(学生真正理解的内容)似乎优于用老教材的教学效果。我们认为，热能是当今人类利用能量的主要形式之一，普及热力学的基本知识，应该是热力学教学的重要方向。因此，我们进一步充实了教材内容，准备出版本书。

本书一开始就从热能概念入手，并明确指出热能是内能的一部分，不同于传统热力学教材。通常情况下，热力学涉及的仅仅是热能的变化，而不是内能。另外，本书以热能为核心，以分子运动论为基础，从气体微观图像出发，逐步确立热能的概念，并据此建立起温度和压强等热力学量的概念以及热力学状态方程，不同于传统教材对热力学的叙述和理解。同时我们还强调热力学平衡态，即热力学状态，与外界条件是一一对应的，外界条件的变化决定了宏观热力学状态的变化，热力学过程其实就是外界条件变化的过程，热力学过程并没有可逆和不可逆的问题。热力学状态方程和热力学第一定律就构成了平衡态热力学的主要内容。为简明起见，我们还略去了传统热力学教材中不必要的热力学函数的讨论。我们认为，有了热能这个热力学函数，其他热力学函数都是可以导出的。此外，我们还指出，气体的热力学规律普遍适用于固态和液态。这样就使得对平衡态热力学的讨论大大简化。

关于非平衡态热力学，我们在本书中强调了局域平衡态的概念。事实上，非平衡态热力学就是局域平衡态热力学。热机把热能转化为机械能，靠的是气体对外界做功。做功过程中对局域平衡态的讨论至关重要。非平衡态热力学其实就是对系统自身变化的方向性的讨论。局域平衡态和热力学第二定律构成了非平衡态热力学的主要内容。

总之，从统计角度看，传统热力学教材中分子运动论和热力学基本概念之间没有太多联系，从而导致宏观热力学概念比较模糊，热能与内能也无法区分。另外，因为没有与统计结合，热力学状态也无法确切给出。本书从统计角度和气体微观分子图像出发，叙述热能的产生和转化的基本规律，并给出了热力学基本概念的确切表述，还删去了不必要的概念和讨论。这样就大大简化了热力学，对应用具有重要意义。希望本书有助于各方面工作人员对热力学的理解和使用。

由于作者学识和经验有限，不妥和错误之处敬请广大读者批评指正。

作　者

2015 年 9 月 20 日

目　　录

第1章 绪　　论

1.1　热力学发展简史

远古时期,人们就能够产生热或者热能,如传说中普罗米修斯偷火、遂人氏钻木取火……火保护了人类，并改变了人类的食物结构，从而大大推动了人类社会的进化。与火有关的热现象是人类生活中最早接触的一种现象。在周口店北京猿人的遗址可以看到 50 万年以前原始人用火的遗迹。考古发掘出来史前的陶器和上古时期的铜器及铁器，显示出古代用火制造出的器具。随着人类社会的发展，火的用途日益扩大，已成为人们生产和生活必不可缺少的东西。

对与热现象有关的物质运动规律的研究构成热学或热力学。在古代,人们对热力学的认识和发展主要集中于如何产生热能及利用热能来改变日常接触的物体或物质的性质,也由于人们在生产和生活上积累的知识不够丰富,热力学还不能作为一门系统的科学建立起来。这个时期,人们对热的本质的认识还处在猜想阶段。大约公元前 1100 年，我国古代的“水、火、木、金、土”五行学说认为，世间万事万物的根本都是这五样东西。大约公元前 500 年，古希腊毕达哥拉斯(Pythagoras)提出的“土、水、火、气”四元素学说认为火是自然界的一个独立的基本要素。古希腊还有另一个学说认为火是一种运动的表现形式。这是根据摩擦生热现象提出的，记载于柏拉图(Plato)的《对话》中。该学说被埋没了约 2000 年之久，直到 17 世纪，实验科学得到发展，它才得到一些科学家和哲学家的支持。

17 世纪以后，人类开始利用天然能源(如木材、煤、石油等)替代人的体力劳动，这就是“机械化”及“工业化”的进程，突出的标志是瓦特(J. Watt)发明的蒸汽机。天然能源只有通过燃烧等过程产生大量的热能，再由热能转化为机械能，才能驱动工具或机器做功。因此，对热现象和热能定量的研究以及对热能和机械能等能量转化过程的研究就成为非常迫切的科学任务。18 世纪初，产生了计温学和量热学。直到华伦海特(D.G. Fahrenheit)改进了水银温度计，并制定了华氏温标，温度的测量才有一个共同的可靠的标准，人们在不同地点测量的温度才能方便的比较，热力学开始走上了实验科学的发展道路。华氏温标以冰水混合物的温度为 32 度(32℉)，水沸腾的温度为 212 度(212℉)，32℉和 212℉之间等间距划分为 180 个刻度。近代科学和生活中常用的温标是 18 世纪中期摄尔修斯(A. Celsius)选定的摄氏温标。摄氏温标以冰水混合物的温度为 0 度(0℃)，水沸腾的温度为 100 度(100℃)，0℃和 100℃之间等间距划分为 100 个刻度。有关热能的度量及热能与机械能的转化，18 世纪末和 19 世纪初人们做了大量的研究。瓦特制成了蒸汽机并在工业中得到广泛应用，实现了人们多年想利用热能转化成机械能的愿望，促进了工业的飞速发展。而工业的发展又对蒸汽机的效率提出了更高的要求。这样，促使人们不仅对蒸汽机技术进行研究，而且对水、蒸气以及其他物质热的性质做更深入的研究。

关于热的本质的研究，18 世纪初流行的是热质说，认为热是一种没有质量的流质，叫热质，它可以渗透到一切物体中，也可以从一个物体传到另一物体，热的物体含有较多的热质，冷的物体含有少的热质，它既不能产生也不能消灭。但热质说不能解释摩擦生热等现象。与热质说相对立的学说认为，热是物质运动的表现。培根(F. Bacon)、拉姆福德(C. Rumford)、戴维(H. Davy)都用实验证明了这一点。但是热质说一直占据统治地位。直到 1842 年，迈尔(J.R. Mayer)第一个发表论文，提出能量守恒，他指出热是一种能量，能够与机械能相互转换，并从空气的定压比热与定容比热之差算出 1cal 相当于 3.58J 的功。在此前后，焦耳(J.P. Joule)用了 20 多年时间，实验测定热功当量。1850 年，焦耳发表了热功当量的总结论文，说明各种实验所得的结果是一致的，不但粉碎了热质说，而且为确定能量转换和守恒定律奠定了基础。在此基础上，热力学第一定律建立了。

热力学第一定律建立后，热机及其效率的研究就成为社会生产机械化和工业化所迫切的要求。卡诺(S. Carnot)提出了热机效率的定理——卡诺定理。后来，克劳修斯(R. Clausius)和开尔文(L. Kelvin)分析了卡诺定理，认为，要论证卡诺定理，必须有一个新的定律——热力学第二定律，即与能量传送及热功转换有关的过程是不可逆的。它主要有两种陈述方式，分别被称为克劳修斯描述和开尔文描述。热力学第二定律在应用上的重要意义在于寻求可能获得的热机效率的最大值。

两个基本定律建立以后，热力学的进一步发展主要在于把它们应用到各种具体问题当中去。人们在应用中找到了反映物质各种性质的热力学函数。热力学函数中直接反映热力学第二定律的是熵。热力学第二定律的特点是绝热过程中熵永增不减。热力学第一定律和热力学第二定律是热力学形成独立学科的基础。

20 世纪以来，天然能源的大规模利用成为人类社会发展的重要支柱。迄今，人类大规模将天然能源如煤、石油、天然气、核能等转化为机械能及电能的主要手段仍是通过热能。如何高效地产生热能，高效地将热能转化为机械能、电能已成为愈来愈高的要求，也使得热力学基本原则的重要性更为突出，热力学内容也日渐丰富。近年来，基于节约资源及减缓环境污染的强大要求，节能被提到极大的高度，热力学的应用和发展也更受到社会的重视。

然而，热力学的发展很长时间处于宏观。热质说也属于宏观认识。如何从微观上理解热力学定律成为非常严重的物理问题之一。19 世纪中期以来，随着热力学的发展，热力学的微观基础，即从原子、分子运动角度来理解热现象及热能(或称之为统计物理)的发展受到很大重视。首先是气体分子运动论。克劳修斯首先根据分子运动论导出了玻意耳(R. Boyle)定律。麦克斯韦(J.C. Maxwell)应用统计概念研究分子运动，得到了分子运动的速度分布定律。玻尔兹曼(L. Boltzmann)在速度分布中引进重力场,并给出了热力学第二定律的统计解释。后来,吉布斯(J.W. Gibbs)发展了麦克斯韦和玻尔兹曼理论，提出了系综理论，即体系的热力学量等于其微观量的统计平均。至此，作为平衡态热力学的基础，平衡态统计物理学也发展成为完整的理论。量子力学诞生以后，统计物理学又由经典统计物理学发展为量子统计物理学，对凝聚态和等离子体中各种物理性质的研究起着重要作用。不过，从宏观热力学角度，很多热力学量无法由统计物理学直接给出或者无法精确给出，如比热。但是，从统计物理学角度去讨论热力学，很多概念要清楚得多。单从热力学的宏观公理出发讨论物理概念，往往会脱离物理基础。反之，单从统计物理学中特定的微观模型出发讨论问题，得到的结果不如热力学更具有普遍性。很长时间以来，热力学和统计物理一直没有得到有效结合，有必要用微观图像建立起热力学的基本概念。

目前，由于对热力学第二定律的微观基础缺少比较完备的认识，非平衡态统计理论虽然也有很大发展，但还不能认为是完整的理论体系。关于非平衡态热力学的发展，20 世纪 30 年代，美国布朗大学的昂萨格(L. Onsager)在引入热力学以外的微观可逆性假定或细致平衡假定基础上，提出了非平衡态热力学领域的一个普遍性的近似定量关系——昂萨格倒易关系。随后，比利时布鲁塞尔自由大学的普里高京(I. Prigogine)根据昂萨格倒易关系进一步在线性的耗散热力学领域得到熵产生最小化原则，并建立了耗散结构理论。然而，微观过程的可逆性与宏观过程的不可逆性之间的矛盾一直没有得到解决。非平衡态热力学还部分停留于宏观水平。

由上述可知，热力学作为热能及热能转换的宏观理论，并有统计物理作为其微观基础，不仅具有重大理论意义，而且对人类发展也有着重大的实际价值。尽管热力学和统计物理的发展并不平行，但是热力学与统计物理学的理论，曾经有力地推动过产业革命，并在实践中获得广泛的应用。热机、制冷机的发展，化学、化工、冶金工业、气象学的研究和原子核反应堆的设计等，以及当今的节能事业都与这些理论有极其密切的关系。

1.2 热力学研究对象及特点

热学或热力学是物理学的一个重要组成部分。它是一门宏观科学理论，不是宇观的科学理论，也不是微观的科学理论。因此，热力学不是一门普适性的学科。任何企图把热力学的概念或结论推广到整个宇宙或少数微观粒子范围都是错误的。热力学涉及的温度在几千度以内，涉及的压强在几百或几千大气压以下，时间尺度大于 10^{-9} 秒(s)以上。它研究的对象是大量(例如 10^{23} 个)分子或原子组成的宏观物质系统；所研究的问题是热运动以及它和运动状态间的相互转换和热运动对物质性质的影响。

凡是物质的物理性质随温度发生变化的现象，都称为热现象。温度是描述物体冷热程度的物理量，例如，物体受热，温度升高，体积膨胀；冰在 0℃受热会融化成水；软的钢材经过淬火(烧热到一定程度后放入水或油中迅速冷却)，可以提高硬度；硬的钢材经过退火(烧热到一定程度后，缓慢降温冷却)，可以变软……这些与温度有关的现象都是热现象。

热运动是组成物质系统的原子、分子的一种永不停息无规则运动，是由大量微观粒子所组成的宏观物体的基本运动形式。正是由于这种热运动才导致宏观的热现象。因此，热现象是热运动的宏观表现，热运动是热现象的微观本质。

对于单个微观粒子的运动而言，由于受到大量其他粒子的作用，其运动过程是复杂的、多变的而且具有很大的偶然性。但是，对于大量微观粒子的总体运动而言，却遵循一种与力学运动规律不同的基本规律——统计规律，这区别于其他运动形式。

热运动形态和其他运动形态间的密切关系和相互转换是常见现象，例如，蒸汽机通过加热的方式产生蒸汽推动活塞作用，实现热运动转换为机械运动；电炉是电流通过电阻丝将电磁运动转换为热运动；物体的灼热发光，是将热运动转换为电磁运动；等等。上述热运动形态和其他运动形态间的相互转换是热力学研究的基本内容，它不仅有重大理论意义，而且具有现实意义。

热力学是对宏观物体(如一定体积的气体、一杯液体或一块固体)的热现象及热过程的宏观描述(宏观理论)，即对分子热运动平均过程的描述。基于长期实践，人们知道物体的“热状态”可以用几个量来描述，如温度、压强、体积等。热力学量是直接定义的。热现象及热过程的规律也是长期观测的结果，并最终总结为“公理”“定律”等(如公认的热力学三大定律、一些热力学关系等)。反映热力学状态的一些物理量(如物体的热能、比热)也只能通过实际测量得到。热力学最典型的是气体热力学，包括均匀气体热力学(主要描述气体的整体特性，涉及热力学第一定律和气体的物态方程)和非均匀气体热力学即非平衡态热力学(主要描述气体的局域特性，涉及热力学第二定律)。热力学量的物理意义及热力学规律的适用范围等曾经有过长期的争论，单靠热力学本身是无法解决的。物体是由大量原子、分子构成。统计物理学的基本任务是从原子、分子特性及其运动出发，分析热力学量的本质及热力学规律的微观基础。它应该能计算物体的热力学特性及热力学量，论证热力学定律成立的条件及适用范围。但是，宏观和微观是不可替代的。尽管宏观过程是微观过程的平均，但是统计物理不能直接给出宏观热力学规律，它可以作为热力学的基础。统计物理大致可分成气体动力学、经典统计物理、量子统计物理及非平衡态统计物理。经典物理统计和量子统计物理主要讨论热力学平衡态问题，并已经建立起比较完备的理论框架，但还不能完全解决相变问题。非平衡态统计曾成功用于讨论由近平衡态向平衡态的演化，即所谓的输运过程。不过这仅限于对稀薄气体的讨论。能否从刘维方程或类玻尔兹曼方程出发给出一般过程的输运系数仍是一个问题。目前，玻尔兹曼方程的详细应用很少。另外，局域平衡态的变化尺度、耗散的出现以及开放系统引入的假设等都是尚未解决的问题。非平衡态统计理论还正在发展。

从上叙述可知，研究热力学有两种方法。一是热力学方法。它不考虑物质的微观结构和过程，而以观察和实验为依据，也不考虑分子的微观运动而着眼于系统整体的宏观运动。所以，热力学方法是宏观方法，它应用能量的观点研究系统的热现象，是研究热现象的宏观理论，具有高度的普遍性和可靠性，可以用来验证微观理论的正确性，但在考虑物质的具体性质和物质结构时，却无能为力，显示出热力学理论具有一定的局限性。另一种方法是统计物理学方法。它从物质的微观结构出发，应用微观粒子运动的力学定律和统计方法研究物质的宏观性质，是研究热现象的微观理论。统计物理学由气体分子运动论、统计力学、涨落现象理论三部分组成。这种方法把宏观运动和微观运动联系起来，有利于认识热现象的规律，深入理解热现象的本质，使热力学理论具有更深刻的意义。但由于统计物理学对物质的微观结构往往只能作简化的模型假设，所得结论通常只是近似结果，可能与实际不符，可靠性差。值得指出的是，热力学研究的这两种方法并不是相互孤立、截然分开的。在研究具体问题时，常常需要从两个角度去分析，它们是相辅相成的。用热力学方法研究物质的宏观性质，再经统计物理学方法去分析，才能了解其物理实质，因而也使得热力学概念比较清晰。另外，统计物理学的理论经热力学的研究才能得以验证。

与以往传统的热力学教材不同，本书从分子运动的微观图像出发，从微观分子自由度着手，以热能概念为核心，由微观到宏观，对宏观热力学量进行建立；从气体热力学到固体和液体热力学，从平衡态热力学到非平衡态热力学，对热力学定律展开阐述，并精简不少纯宏观理论所带有的、实际是不必要的概念及推理。

1.3 热 能

自远古以来，人类就接触、了解和利用热能，例如，利用燃料燃烧产生的热能来加温或煮熟食物，推动了人类自身进化；利用火来取暖、驱赶野兽，制造枪、炮、火药来推动子弹；利用热能来熔化矿石、冶炼金属。18 世纪，人类发明了蒸汽机、内燃机……将热能直接转化为机械能，开始了人类大规模利用天然能源或被称为“工业革命”的进程。现代社会中，人们的生产、生活都离不开热能。可以说，对人类的生存和发展而言，热能和机械能是两种同等且至关重要的能量。

热能和机械能是本质相同的两种能量，都以物体为载体。机械能表现为物体的整体运动(动能)或与其他物体相互作用(势能)。热能的表现则完全不同。在很多情况下物体的外观、位置可能都没有改变，热能则发生了变化。热能不同表现为冷热不同，即温度的不同。人们早就知道机械能与热能之间是可以直接(不经其他能量方式)相互转化的。两个物体碰撞或相互摩擦，机械能就转化为热能；若气体膨胀，则有部分热能转化为机械能。

热能似乎是宏观物体内部具有的能量，在很多热学或热力学的书中，不太区分热能与内能，有的甚至用内能代替热能。实际上，热能与内能有完全不同的含义。热能是构成宏观物体的原子、分子无规则运动机械能的总和，起作用的是机械运动的自由度。宏观物体都是由大量的原子或分子构成。例如，在标准条件(一个标准大气压，温度约为 0℃)下，1cm^3 气体中含 2.69×10^{19} 个近乎独立飞行的气体分子。现代物理表明，这些分子或原子及其运动对应的能量，有以下几类：

(1) 分子或原子运动的机械能。有时候我们把分子或原子的机械运动称为热运动。对于晶体，热运动是原子或分子在其平衡位置附近的振动；对于单原子气体，热运动就是原子的平移运动。在标准条件下，原子飞行速度一般为每秒数百至数千米。对多原子分子，分子机械运动包括分子的平动、转动及分子中原子的振动。气体中的分子间相互碰撞，一个分子平均约在 10^{-9}s 与其他分子碰一次，参与碰撞的分子总能量不变，每个分子的平动、转动及振动能都快速变化，但气体总的热能不变。气体的热能是大量分子无规运动的总能量。而物体的机械能则是所有分子在一个方向上有序运动的能量。气体热能是所有分子无序机械运动的总能量，我们将看到这种理解对固体或液体也适用。例如，1 摩尔(mol)氦气在 0℃ 时的方均根速率为 1311m/s，则氦气分子热运动的动能总和

约为 3.4×10^3 J，差不多相当于一个 1kg 物体以 300km/s 的速度飞行时所具有的动能。

(2) 原子结合成分子的结合能。化学反应是由不同分子相互作用并最终改变分子的组构的过程。在化学反应中，由于分子组构改变，部分分子结合能可能被吸入或释出，称之为化学能。吸入或释出的化学能一般转化为分子运动的机械能。例如，碳原子与氧分子通过燃烧结合成二氧化碳，释放出其中的能量并转化成分子的机械能，很快加热了周围其他气体。上述碳原子燃烧放出化学能约为通常分子平均热运动能量的几十至数百倍以上。在化学反应中每个参与反应的分子放出或吸收的能量是确定的。这与分子碰撞中能量连续可变是根本不同的。

(3) 核能是一个或多个原子核发生核反应放出或吸收的能量。一个核反应放出或吸收的核能约为通常分子热运动平均能量的数十万倍或更高。因此，在日常条件下稳定原子核的核反应是不会被热运动所引发，或者说核能被“冻结”。

(4) 基本粒子反应所涉及的能量比核能还高得多，因而在日常条件下也被“冻结”。

人们最关心的还是宏观物体在日常条件下(应该说温度在数千摄氏度以下)的行为及运动规律。扣除物体整体运动的机械能外，物体的“热能”就是指构成物体原子、分子无规则运动机械能的总和。由于分子、原子相互作用过程中机械能守恒，尽管物体中有大量分子、原子相互作用，分子、原子运动状态也各不相同，但由于内部分子相互作用，体系总热能是不会变的。热能是热力学讨论的主要对象。对包含化学反应的热力学系统，由于每个分子参与化学反应的化学能是确定的，化学反应可看成体系中能量的“源”或“漏”，不影响我们对“热现象”的理解。

我们再次明确，在热学或热力学中，热能的定义应该是：物体所有分子、原子无规则力学运动机械能的总和，热能的变化量被称为“热量”。尽管宏观表现有诸多不同，热能与机械能本质上却是相同的，热能是构成宏观物体的原子、分子无规则运动机械能的总和。热能与内能是两个含义不同的物理量。一般热现象不涉及分子结构和原子核的变化，并且无电磁场相互作用，结合能及电磁相互作用能等均为常数。通常条件下，热力学仅仅讨论热能的变化。因此，单纯从宏观角度，不从微观结构来看，很难区分热能和内能。另外，化学过程也伴随有热过程发生，两种过程相结合就构成了化学热力学。

思 考 题

1.1 热和温度有什么关系?

1.2 热和功有什么区别?

1.3 热力学的宏观描述和微观描述之间有什么区别和联系?

1.4 热能与内能有什么区别和联系?

1.5 热能与机械能有什么区别和联系?

习 题

1.1 估算房间内气体分子个数。

1.2 试求把一0.98kg的物体，(a)由100m/s加速到200m/s，(b)由80m/s加速到100m/s所需的功为多少?

1.3 在地球重力场中把一物体升高90m需做功为60kJ，该处的重力加速度为$9.55\mathrm{m/s^2}$。

(1) 求物体的质量为多少?

(2) 相对地球表面，如果最初的重力势能为20kJ，试求物体最后高出地球表面的高度为多少?

1.4 重力加速度与海平面以上高度的函数关系为$g=9.807-3.32\times10^{-6}z$，式中$g$的单位是$\mathrm{m/s^2}$，$z$的单位是m。一个质量为240kg的人造卫星，被提升至地球表面以上400km处，试求需做功多少?

1.5 把物体动能改变$100\mathrm{N\cdot m}$时，花了200kJ的功。

(1) 求物体的质量为多少?

(2) 如果相对于某一基态最初的动能为40kJ，试求相对于同一基态的最终速度为多少?

1.6 在一过程中封闭系统的总能量增加了55kJ，外界对系统做功100kJ，问过程中交换的热量为多少?是加给系统的还是由系统传出的?

第 2 章　气体热力学

气体是物质存在三态中最简单的状态。这主要是从分子运动角度来看，特别是单原子分子气体，分子运动主要是自由飞行，只是偶然地、在极短时间内与其他分子碰撞。气体热力学是热力学中最重要的部分，其物理图像比较直观，容易表述清楚，而且这种物理图像对理解其他物质(如液体、固体等)的热力学规律是很有帮助的。气体热力学的重要性还在于人类利用天然能源的主要方式是通过燃烧等手段从燃料中取得热能，之后将部分热能转化为机械能。热能转化为机械能的过程主要是通过被加热的高温气体膨胀做功来实现。气体热力学是人们一直到现在仍然主要应用的热机(如蒸汽机、内燃机、燃气轮机等)的科学基础，也是当前人们采取节能措施的重要指导原则。

2.1　气体的微观分子图像

2.1.1　实际和理想气体的特点

分子运动论指出：物质是由原子和分子组成的；分子在做不停的无规则热运动；分子之间存在着相互作用力。

实验事实证明，物质是由大量分子和原子组成的。按照组成分子的原子数目的不同，可以把分子分为单原子分子，如纯金属、惰性气体分子等；双原子分子，如氧气、氢气、一氧化碳等；多原子分子，如水、乙醇等。原子线度的数量级与分子相同，大约在10^{-10} m。目前知道的分子种类有几百万种，而原子只有 107 种，其中自然存在的有 94 种，人工制备的有 13 种。通常把由这些原子所组成的单质称为元素。

1827 年，苏格兰植物学家布朗(R. Brown)观察到水里的花粉颗粒处于不停顿、无规则的曲线运动之中。进一步的实验他还发现，不仅花粉颗粒，其他悬浮在液体中的小颗粒也表现出这种无规则运动。人们称该运动为布朗运动，如图 2-1-1 所示。实验表明，布朗颗粒的运动速度随温度升高而增加，随颗粒线度增加而减小。1877 年，德耳索(J. Delsau)指出，布朗运动是由于颗粒在液体中受到液体分子碰撞的不平衡力引起的运动。因此，布朗运动是液体分子不停顿无规则热运动的宏观表现。1905 年，基于分子运动论，爱因斯坦(A. Einstein)等建立了布朗运动的统计理论。1908 年，法国物理学家佩兰(J.B. Perrin)进行了胶体粒子的重力沉降与布朗扩散的平衡实验，从实验上证实了爱因斯坦的理论，从而使分子运动论为大家所公认。气体、液体和固体中发生的扩散现象也是分子处于不停顿无规则热运动的实验事实。

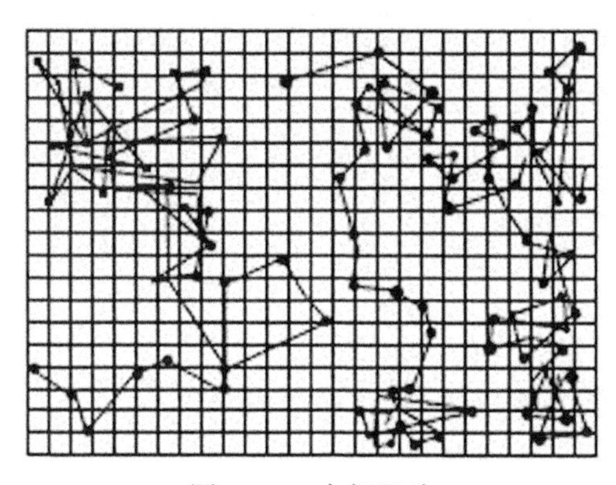

图 2-1-1　布朗运动

气体很容易被压缩，固体和液体也可以被压缩，说明分子之间有一定距离。相隔一定距离的固体或液体中分子仍能聚集在一起而不分散，表明分子之间存在分子力的作用。分子间相互作用比较复杂，很难用简单的数学公式表示。一般是在实验的基础上采用一些简化模型。一种常见的模型是假设分子间的相互作用力具有球对称性，并近似用下列半经验公式表示：

$$f = \frac{\sigma_1}{r^s} - \frac{\sigma_2}{r^t}, \quad s > t \tag{2.1.1}$$

其中 r 是两个分子中心间的距离，σ_1, σ_2, s, t 都是正数，需要根据实验数据确定。式中第一项为正，代表斥力；第二项为负，代表引力。斥力阻碍压缩，引力阻碍拉伸。由于 s 和 t 都比较大，所以分子力随着分子间距离的增大而迅速减小。该力可以认为具有一定的有效作用距离，超出有效作用距离，作用力可以忽略。又由于 $s>t$，所以斥力的有效作用距离比引力的小。图 2-1-2(a)中的两条虚线分别表示斥力和引力随距离变化关系，实线代表斥力和引力的合力曲线。在 $r=r_0\left(r_0=\left(\dfrac{\sigma_2}{\sigma_1}\right)^{\frac{1}{t-s}}\right)$ 处，分子间力 $f=0$，斥力和引力互相抵消。r_0 被称为平衡位置，又称为分子力的有效作用半径，它的数量级为 $10^{-9}\,\mathrm{m}$。在平衡位置以内，即 $r<r_0$，是斥力的作用范围；在平衡位置以外，即 $r>r_0$，是引力的作用范围。随着分子间距离 r 的增大，分子间力迅速衰减到零。

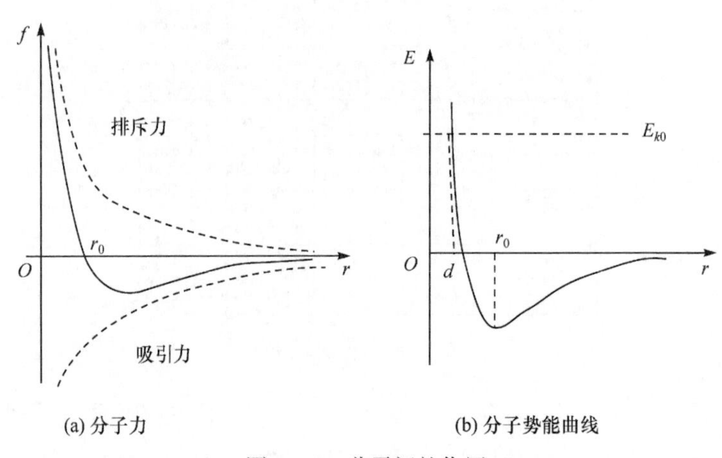

(a) 分子力　　(b) 分子势能曲线

图 2-1-2　分子间的作用

通常用分子间的势能曲线来描述分子间的相互作用，如图 2-1-2(b)所示。分子力是保守力，当两个分子间的距离改变 $\mathrm{d}r$ 时，分子间势能的增量 $\mathrm{d}E_p$ 等于分子力 f 在距离 $\mathrm{d}r$ 内所做功的负值，即

$$\mathrm{d}E_p=-f\mathrm{d}r \tag{2.1.2}$$

如果选取两个分子相距无穷远，即 $r=\infty$ 时的势能为零，则距离为 r 时分子之间的势能为

$$E_p=-\int_{\infty}^{r}f\mathrm{d}r \tag{2.1.3}$$

图 2-1-2(b)中的实线是分子势能曲线。在平衡位置$r = r_0$处，势能有极小值。当$r < r_0$时，势能曲线有很陡的负曲率，这相当于很强的斥力；当$r > r_0$时，势能曲线的斜率是正的，相当于引力。

根据势能曲线可以说明两个分子的相互碰撞过程。设一个分子静止不动，其中心固定在图 2-1-2(b)中的坐标原点O处。另一个分子从无穷远处以动能E_{k0}(此时，势能为零，E_{k0}就是总能量)靠近。当距离$r > r_0$时，分子力主要表现为引力，所以势能E_p不断减小，而动能E_k不断增大。当$r = r_0$时，势能最小，而动能最大。当$r < r_0$时，斥力随距离的减小很快增加，这时势能急剧增大而动能减小。当$r = d$时，势能与分子原来在无穷远处的动能E_{k0}相等，即动能全部转化为势能，分子的速度为零，分子不能再趋近。这时，分子在强大的斥力作用下被排斥开来，这便是通常被形象看作分子间的“弹性碰撞”过程。从这里可以看出，由于斥力的存在，两个分子在相隔一定距离$r = d$处便互相分开。因此，如果把分子看作直径为d的弹性球，则分子的大小显然与原来的动能E_{k0}有关。但由于分子的势能曲线在斥力作用的一段非常陡，所以与不同的E_{k0}相对应的d值实际相差很小。可以取d的平均值为分子的有效直径。实验表明，分子有效直径的数量级为10^{-10} m。

例 2.1　1907 年，米(G. Mie)指出：分子或原子之间互作用势可以用下式

$$E_p(r) = -\frac{A}{r^m} + \frac{B}{r^n}$$

表示，其中$A > 0$，$B > 0$，$n > m$。式中第一项为吸引势，第二项为排斥势，且排斥作用半径比吸引作用半径小。1924 年，勒纳德-琼斯(J.E. Lennard-Jones)又提出如下半经验公式：

$$E_p(r) = \phi_0\left[\left(\frac{r_0}{r}\right)^s - 2\left(\frac{r_0}{r}\right)^t\right]$$

其中ϕ_0是在平衡位置($r = r_0$)时势能的大小，s，t是常数，且$s > t$。试分别求出两种势的平衡位置r_0以及在平衡位置处的势能。设后者$s = 2t$。

解　依题意，得

$$\frac{\mathrm{d}E_p(r)}{\mathrm{d}r}=0$$

对米势：由

$$\frac{\mathrm{d}E(r)}{\mathrm{d}r}\bigg|_{r=r_0}=(Amr^{-m-1}-Bnr^{-n-1})\big|_{r=r_0}=0$$

得到平衡位置$r_0=\left(\frac{nB}{mA}\right)^{\frac{1}{n-m}}$。平衡位置处的势能为

$$E_p(r_0)=-\frac{A}{\left(\frac{nB}{mA}\right)^{\frac{m}{n-m}}}+\frac{B}{\left(\frac{nB}{mA}\right)^{\frac{n}{n-m}}}=B\left(\frac{mA}{nB}\right)^{\frac{n}{n-m}}-A\left(\frac{mA}{nB}\right)^{\frac{m}{n-m}}$$

对勒纳德-琼斯势：由

$$\frac{\mathrm{d}E_p(r)}{\mathrm{d}r}\bigg|_{r=r_0}=\phi_0[r_0^s(-sr^{-s-1})-2r_0^t(-tr^{-t-1})]\big|_{r=r_0}=0$$

得到平衡位置$r_0=r_0$。平衡位置处的势能为

$$E_p(r_0)=-\phi_0$$

通常情况下，气体分子之间的平均距离大约为分子本身线度的几十倍，甚至上百倍，远大于分子力的有效作用半径，所以我们可以忽略分子之间的相互作用力。只有当气体分子之间的平均距离接近或小于r_0之后，才需考虑分子力对气体性质的影响。因此，气体中分子热运动的作用超过分子力的作用，在宏观上表现为气体总是充满整个容器的体积，易于压缩。然而，固体原子之间的作用力很强，超过了分子的热运动，迫使组成固体的每一个原子在它相邻原子的分子力作用下，保持其在平衡位置附近做微小的振动，所以固体原子形成有规则的周期排列，并使固体在宏观上表现出一定的形状和体积，具有一定的机械强度，不易压缩和拉伸。与气体和固体不同，液体分子力大小可以与热运动相当，液体可以看作是分子密集堆砌而成，每个分子都处于一个平衡位置，相邻两分子之间有微小的、可持续的相对移动。因此，液体体积保持不变，

但宏观形态可以变动(如可流动等)。

理想气体是一种模型气体，其分子本身线度比分子间距小很多，分子的大小可忽略；除碰撞瞬间外，分子间相互作用力可以忽略不计，分子在两次碰撞之间做自由匀速直线运动；处于平衡态的理想气体，分子间及分子与器壁间的碰撞是完全弹性碰撞。一般情况下，理想气体是指单原子分子气体，常温常压下的氦气等惰性气体很接近于理想气体。因此，理想气体的热能是大量无规则、混乱运动分子的总动能。

2.1.2　气体分子自由度和碰撞

对于单原子分子气体，分子运动只是在空间移动，分子间只存在瞬时弹性碰撞。如果忽略外加宏观势场，与能量有关的自由度是 3 个方向的动能。

对于双原子分子气体，如氢气、氧气等，分子质心的位置与能量无关，分子平动的动能分布在 3 个质心速度自由度之间，见图 2-1-3(a)。垂直于分子轴线，可以有 2 个转动轴的方向，转动速度有 2 个分量，所以只有 2 个与能量有关的转动自由度，如图 2-1-3(b)所示。由于存在原子间相互作用，两原子的相对位置与能量有关，当然原子相对运动速度也与能量有关，所以尽管分子只在一维方向上振动，如图 2-1-3(c)，却有 2 个与能量有关的自由度。因此，双原子分子与能量有关的自由度为 7。

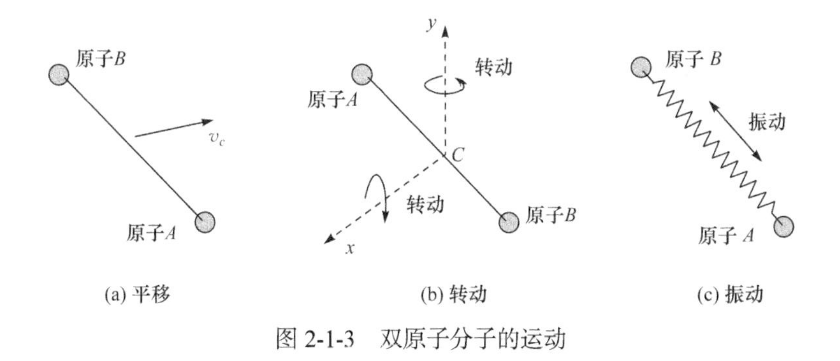

图 2-1-3　双原子分子的运动

对于 3 个或更多原子组成的多原子分子，与能量有关的质心平动自由度仍为 3。转动轴有 3 个取向分量，角速度也应该有 3 个分量，所以与能量有关的转动自由度为 3。多原子分子的一般振动模式以及与能量有关的振动自由度分析比较复杂，这里就不作深入探讨。

由于原子、分子都是微观粒子，它们的运动规律遵循量子力学规律，而不是宏观的牛顿力学规律。量子力学认为：原子、分子除去在无穷空间平动运动自由度的能量是可以连续变化外，任何周期运动的能量都不是连续变化，只能间断地、一份一份地变化取值，这种间断的能量取值称为能级，如图 2-1-4 所示。

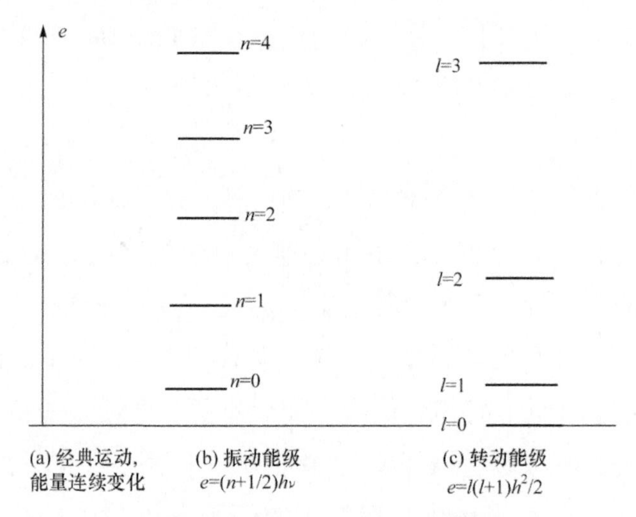

图 2-1-4 振动与转动自由度能级

对于振动型自由度 j 的运动，能级的间距是相同的(如图 2-1-4)，能量 $e_j=\left(n+\frac{1}{2}\right)h\nu_j$， $n=0,1,2,\cdots$。这里 ν_j 是振动频率， $h=6.62606896\times 10^{-34}\,\text{J}\cdot\text{s}$ 是普朗克常数，能级间距 $h\nu_j$ 称为 j 振动自由度的能量量子。换言之，分子振动能量的增加或减少量是一个最小能量单位(量子 $h\nu$)的整数倍。不同振动模式振动频率不同，振动能量量子取值大小不同。$e_{j0}=\frac{1}{2}h\nu_j$ 是 j 振动自由度的最低能量，称为零点能，或者说振动处于基态。下一个允许的能级 $n=1$ 比 e_{j0} 高出能量 $h\nu_j$。气体分子的振动自由度就是这种情况。

根据量子力学，分子转动自由度能量虽然也是间断取值，但能级间距是不同的(图 2-1-4)：$e_l = g_r l(l+1)$，$l = 0,1,2,\cdots$。不同转动自由度的 g_r 可以不同，由该自由度的转动惯量决定。基态($l=0$)与第一激发态($l=1$)能量差为$2g_r$。

对于理想气体，由于分子的大小可忽略，除碰撞瞬间外，分子间相互作用力也可以忽略不计，分子在两次碰撞之间做自由匀速直线运动。因此，分子运动仅考虑平动自由度，速度可以从零到充分大连续变化，能量的变化是连续的。这相当于固体的整体运动，即平动运动的声学支。对于准理想气体，除连续变化的分子平动自由度外，还要考虑分子的周期性变化，即非连续变化的振动和转动自由度。

2.2　均匀气体的热力学状态

依照分子运动论的观点，理想气体与物质分子结构的一定微观模型相联系。当气体凝结成液体时，体积缩小为原来的千分之一(液体密度的数量级为 $1g/cm^3$，气体密度的数量级为 $10^{-3}g/cm^3$，前者比后者大 1000 倍)，而液体中分子几乎是紧密排列的。因此，气体分子的平均间距数量级上大约是本身线度的 10 倍，可以把气体看作平均间距很大的分子集合。如 2.1.1 节指出的，理想气体的微观模型应具有：(1)分子本身的大小比起它们之间的平均距离可忽略不计；(2)除短暂的碰撞过程外，分子间的相互作用可忽略；(3)分子之间的碰撞是完全弹性的。下节仔细分析两个分子碰撞中的能量交换。

2.2.1　能量均分

两个分子(或两个原子)间存在相互作用。实验及近代物理理论都表明，这种作用可以近似地分成一强的短程排斥力及一较弱的长程吸引力，总的势能曲线如图 2-1-2(b)所示，其中 r_0 是两个分子的距离。在标准条件下，两个气体分子都可自由运动，相对运动能量(E_{k0})较高。在

图 2-1-2(b)所示的势阱中，$E_{k0} > 0$。排斥力的半径也可近似看成是分子直径 d。在 d 以外，若引力对分子自由飞行的作用可忽略，我们也可以近似将分子看成是直径为 d 的小硬球，两分子间只发生瞬时弹性碰撞。相对于气体体积，如果再忽略分子实际大小 d 的效应，分子看成是硬的质点，这就是严格意义下的“理想气体”模型。我们以后还会讨论弱长程吸引力及分子有限大小所带来的修正。

在力学中已经证明，在没有外力的条件下，两个物体(这里是两个分子)碰撞前后，总的动量和总的动能是守恒的。因此，所有气体分子在一起，不论碰撞发生得多么频繁，气体的总能量和总动量不会改变。如果气体被容器约束，器壁与分子碰撞也是弹性的，则每个自由度的总动量都是零，碰撞过程总能量守恒保证气体总的热能不变。由于分子数量极大(每立方厘米 10^{16} 个以上)，每个分子发生碰撞也非常频繁(每秒 10^9 次左右)，碰撞时间极短(标准条件下碰撞时间约是分子自由程时间的 1/10)，但分子只有有限多(3 个)自由度，因此，可以理解成热能在 3 个平动自由度之间扩散。下面通过一个两粒子发生弹性碰撞的例子分析来形象说明大量分子的碰撞如何使动能在不同自由度间扩散。

设想有两个分子 A 和 B(硬球)，其质量为 m、半径为 r，在 x 方向相向而行，分子 A 的速度为 u_1，分子 B 的速度为 $-u_2$，在 y 方向上两球心有高度差 h，如图 2-2-1(a)和(b)所示。碰撞前，如图 2-2-1(a)所示，两个分子的总动能为 $\frac{1}{2}m(u_1^2+u_2^2)$，并集中于 x 方向。在质心坐标系中，质心速度 $v_c=\frac{u_1-u_2}{2}$，而两个分子相对质心的速度分别是 $v_1=\frac{u_1+u_2}{2}$ 及 $\boldsymbol{v}_2=-\boldsymbol{v}_1$。碰撞瞬间如图 2-2-1(b)所示，并引入 $\sin\alpha=h/d=\frac{h}{2r}$，式中 d 是两个分子中心间的距离。图 2-2-1(c)给出了质心坐标系中两个分子碰撞前后的速度方向，虚线 AB 表示碰撞时两个分子中心的连线。碰撞后，分子 A 的速度为 $\boldsymbol{v}_1'$，且 $|\boldsymbol{v}_1'|=|\boldsymbol{v}_1|$；分子 B 的速度为 $\boldsymbol{v}_2'$，且 $|\boldsymbol{v}_2'|=|\boldsymbol{v}_2|$。由图 2-2-1(c)可见，碰撞后 x 方向的分速度分别是：$\boldsymbol{v}_{1x}'=-\boldsymbol{v}_1\cos 2\alpha$ 及

$v'_{2x}=v_1\cos 2\alpha$；在 y 方向的分速度分别是 $-v'_{1y}=-v_1\sin 2\alpha$ 及 $v'_{2y}=v_1\sin 2\alpha$。返回实验室坐标系，碰撞后两分子在 x 方向及 y 方向总能量分别是 $\frac{1}{2}m(v_c-v_1\cos 2\alpha)^2+\frac{1}{2}m(v_c+v_1\cos 2\alpha)^2$ 及 $m(v_1\sin 2\alpha)^2$。

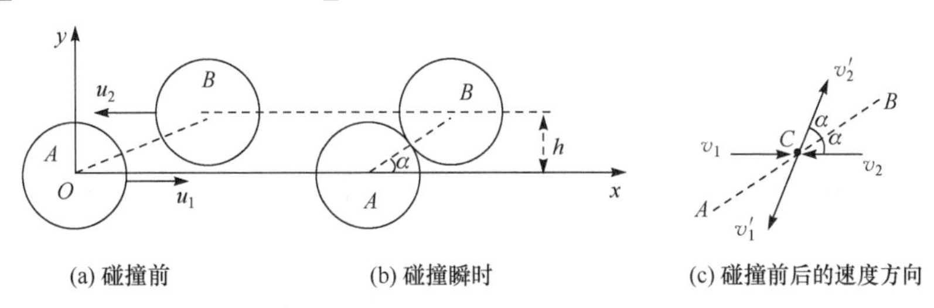

图 2-2-1　质心系中两个分子(硬球)碰撞

如果假设分子相对入射是随机均匀分布在面积 πd^2 中的，当 $h>d$ 时，两分子不碰撞，则在 y 方向一次碰撞平均总能量增加

$$\Delta\varepsilon_y=\frac{1}{\pi d^2}\int_0^d\frac{1}{2}m(v_1\sin 2\alpha)^2\cdot 2\pi h\,\mathrm{d}h=\frac{1}{3}mv_1^2=\frac{1}{12}m(u_1+u_2)^2$$

若 $u_1=u_2$，则 $\Delta\varepsilon_y=\frac{1}{3}mu_1^2$，即在一次碰撞后每个分子就平均将在 x 方向上能量的三分之一转移到 y 方向上。

以上计算表明，碰撞能有效减少参与碰撞两个分子间各平动自由度的能量差。大量分子的存在，碰撞对能量在不同自由度间均匀化是非常有效的。只要平均每个分子能碰撞数次，各自由度上总能量就基本相同了。换言之，不论气体总热能是如何分布在气体分子的 3 个自由度上，经过约 10^{-9}s 后总热能将均分在各自由度上，分子每个自由度上的平均动能都将相等。这被称为理想气体的“能量均分定理”。

2.2.2　热力学平衡态

在标准条件(压强为一个标准大气压和摄氏温度为 0℃)下，与理想气体分子运动有关的基本参数是：空气分子直径 d 约为 3×10^{-8}cm；气体的分子密度约为 2.7×10^{19} 个/cm^3，因此相邻两个分子的平均间距约为 3×10^{-7}cm，为分子直径的 10 倍以上。如果分子一个自由度的平均动能是 $\frac{1}{2}k_BT$，其中 k_B 是玻尔兹曼常数(详见 2.2.3 节)，T 是温度，则常温下分子平均速度约在每秒几百米到几千米之间。气体分子在连续两次碰撞之间走过的间距平均约为 7×10^{-6}cm，时间间距 t_0 约为 10^{-10}s，或 1s 内一个分子要碰 10^{10} 次。在 1cm^3 内，在 10^{-9}s 内空气分子就总共产生差不多 10^{19} 次以上的分子碰撞。这么多次能量随机的重新分配，使得不论初始时能量会如何分配，10^{-9}s 后能量在分子间的分配就达到最混乱的状态，三个空间方向总的动能(或平均动能)都相同，其后也不会再变化。我们称这种在一定宏观参数下，分子能量分配最混乱的、不再变化的状态为平衡态。由于相对于人类的感官或宏观尺度的测量，10^{-9}s 太短，因此人们认为，只有平衡态才是人类宏观上能观测到的气体的状态，也就是说，尽管从微观分子角度看，有可能存在有大量的非平衡态，尽管它们与平衡态有很大区别，但由于存在时间太短，宏观观测不能感知。除极特殊情况外，对均匀气体，宏观上能观测到的(或者来得及观测到的)气体状态都是平衡态。

平衡态的一个重要微观特点是，分子运动总的能量在各运动自由度之间均分，这就是“能量均分定理”。由于理想气体分子三个垂直方向的平均能量相同，可以用前面引入的一些宏观热力学量与分子各自由度均分的总能量联系起来，见(2.2.2)式。因此，在热力学中只有(或者只讨论)具有确定宏观参数(如温度和体积等)的平衡态，也就是我们以后强调的“气体的热力学状态”。在热力学中是没有非平衡态的。热力学平衡态集中于平均值附近，涨落很小，平均值就是热力学平衡态。也就是说，热力学平衡态是一个平均状态。如果没有外界作用(不对气体输入或输出热量，或不对气体做功)，气体热力学状态是不会自动变化的。

如果气体体积较大，不同的小体积内都在 10^{-9}s 内分别达到了能量均分的平衡态，但不同小体积平衡态的宏观参数可能不同(例如，各小块的总能量尚不相同，因而每个小块自由度均分的平均能量不同，温度也不同)，我们可用局域的宏观参数(如不同的温度、密度等)来标记各小块的平衡态。在很多情况下，不同小体积要达到相同的整体平衡态需要较长的(远长于 10^{-9}s 的)时间，这种“均匀化”的过程往往是宏观测量可以感知的。宏观参数不均匀的气体状态称为局域平衡态。热力学是可以描述局域平衡态的，只是气体宏观参数中的强度量(如温度、密度)可能是坐标的函数。对孤立的气体，整体平衡态不再变化。但若是处于局域平衡态，则气体还会自发地趋向整体均匀的平衡态，此过程有可能是宏观可观测的。局域平衡态趋向平衡态是非平衡态统计物理讨论的主要问题。

这里需要强调的是，不管是宏观均匀的热力学状态还是局域热力学状态，在确定的外界条件下(如给定温度、体积等)，一定量的气体热力学状态是唯一确定的。气体平衡态的变化只能是由外界条件变化产生(相变现象除外)。热力学讨论均匀平衡态其实是讨论外界条件的变化。外界条件的变化有传热和做功两种方式，而且是可以人为控制的。例如，电脑的铝制或铜制散热器是为了加速传热，而保温瓶以及各种保温材料是为了防止传热；内燃机是气体对外做功(或外界对气体做负功)的机器；等等。对局域平衡态变化的讨论就构成了非平衡态热力学。另外，由于热力学状态是由外界条件唯一确定，因此没有热力学稳定和不稳定性的讨论。热力学真正能够测量的是平衡态或局域平衡态。对平衡态和局域平衡态的讨论就构成了热力学的主要内容。本书就是对上述两种过程的分析描述。

2.2.3　热能与温度

布朗运动实验揭示了分子运动与热能的直接联系。从分子运动论角度可以定义温度T与物体分子一个自由度的平均动能ε成正比，即

$$\varepsilon=\frac{1}{2}k_BT \tag{2.2.1}$$

其中k_B是玻尔兹曼常数。如果能量单位取国际单位焦耳(J)，温度单位开尔文(K)，则$k_B=1.3806504(24)\times10^{-23}\,\mathrm{J/K}$。这是2006年国际科技数据委员会(CODATA)推荐的最新数值。在一般的计算中常取近似值$k_B=1.38\times10^{-23}\,\mathrm{J/K}$。这种和气体平均动能联系在一起的温度被称为绝对温度或开尔文温度。有时候也用能量的单位表示温度(如果能量单位

取电子伏(eV)，则温度也可以用电子伏表示)。因此，气体分子总热能应该是

$$U = \frac{1}{2} N i k_B T \tag{2.2.2}$$

其中N是总气体分子数，i是分子与能量有关的自由度个数。

例 2.2 1mol 氦气，其分子热运动动能的总和为$3.95\times10^3\text{J}$，求氦气的温度。

解 因为氦是单原子分子，所以由(2.2.2)式，可得热运动动能$E_K = \frac{3}{2} N_A k_B T$。因此氦气的温度为

$$T = \frac{E_K}{\frac{3}{2} N_A k_B} = \frac{3.95\times10^3}{\frac{3}{2}\times6.02\times10^{23}\times1.38\times10^{-23}} \approx 317\text{K}$$

热力学中最重要的概念是温度和热能。在科学史上，长期以来这些基本概念是含糊不清的。温度是热力学中特有的一个物理量，源于物体的冷热程度。但人的冷热感觉范围有限，而且靠感觉判断物体的冷热程度既不精确也不完全可靠。因此，表征物体冷热程度的温度，不能建立在人们对物体冷热的主观感觉上，而应建立在热力学实验事实基础上。事实上，温度从概念引入到定量测量都建立在热力学第零定律基础之上。

热力学第零定律指出：与第三个系统处于热平衡的两个系统，彼此之间也一定处于热平衡。热力学第零定律是实践经验的总结，不是逻辑推理的结果。该定律可以推证，互为热平衡的系统具有一个数值相等的态函数，称为温度。但要定量地给出温度的数值，还必须制定出一套给出温度量值的办法。一套具体给出温度量值的方法称为一种温标。建立一种温标需要三个要素：测温物质、测温属性和固定标准点(定标点)。一般来说，三要素都与物质选择有关，故称经验温标，即制定一种温标，先要选择一种物质(称为测温物质)系统，然后选择该系统随温度变化明显的状态参量(称为测温属性)来标记温度，而让其余状态参量保持恒

定，这样，测温物质系统的温度只是测温属性的函数。该函数关系被称为定标方程。最简单的定标函数关系为线性函数。若测温属性为 x，则温度 T 可表示为

$$T(x)=a+bx \tag{2.2.3}$$

其中 a,b 是待定参数。为确定待定参数，需要选择某一个易于复现的特定状态作为温度的固定点，并规定出固定点的温度数值。仅就固定点而言，早年建立目前还在使用的温标有以下几种

(1) 华氏温标

单位是“华氏度”，记作℉，是德国华伦海脱(D.G. Fahrenheit)在1714 年建立的。该温标是把一个大气压下冰水混合物的温度定为 32℉，水的沸点定为 212℉。在这样的温标下，人体正常温度为 98.6℉。目前只有英国和美国在工程界和日常生活中还保留华氏温标，除此之外，很少人使用了。

(2) 摄氏温标

单位是“摄氏度”，记作℃，是瑞典天文学家摄尔修斯(A. Celsius)在 1742 年建立的。该温标把一个大气压下冰水混合物的温度定为 0℃，沸点定为 100℃。这便是现在使用的摄氏温度计。摄氏温度计目前在生活中和科技中使用最普遍。摄氏温度与华氏温度之间的关系为

$$℉ = 32+\frac{9}{5}℃ \tag{2.2.4}$$

(3) 理想气体温标

单位是开尔文，记作 K。1954 年以后，国际上规定水的三相点(即水、冰和水蒸气三相共存的平衡态)为基本固定点，并规定这个状态的温度为 273.16K。由于一定质量的气体，体积不变时，气体压强 p 随温度 T 的升高而增大；压强不变时，体积 V 随温度 T 升高而增大。据此可分别制定出定体温度计和定压温度计。定体温度计的定标方程为

$$T(p)=273.16\frac{p}{p_3} \tag{2.2.5}$$

其中 p_3 为气体在水的三相点温度时的压强。同样，对于定压气体温度计的定标方程为

$$T(V) = 273.16\frac{V}{V_3} \tag{2.2.6}$$

这里 V_3 为气体温度计测温泡内的气体在水的三相点温度时的体积。

图 2-2-2 是 5 种不同气体制成的定体温度计测量水的沸点温度所得的结果(实验如下：在同一测温泡中先后充入不同质量的同一气体，然后测出不同质量气体分别在水的三相点和正常沸点时的压强 p_3 和 p，由公式(2.2.5)定出与该气体质量对应的温度 T)。可见，不同气体作为测温物质所得的温度只有微小差别，并且随着气体压强的降低，差别越来越小。当气体压强趋于零时，差别消失。实验还发现，用不同性质的气体作测温物质时，定压气体温度计测得的温度的差别也很小，并且当气体压强趋于零时，不管什么气体作为测温物质，所测得的温度值差别完全消失，即

$$T = \lim_{p\to 0} T(p) = \lim_{p\to 0} T(V) \tag{2.2.7}$$

这种压强趋于零(而温度远高于其液化温度)的气体称为理想气体。以理想气体为测温物质的温标为理想气体温标。理想气体温标测得的温度与

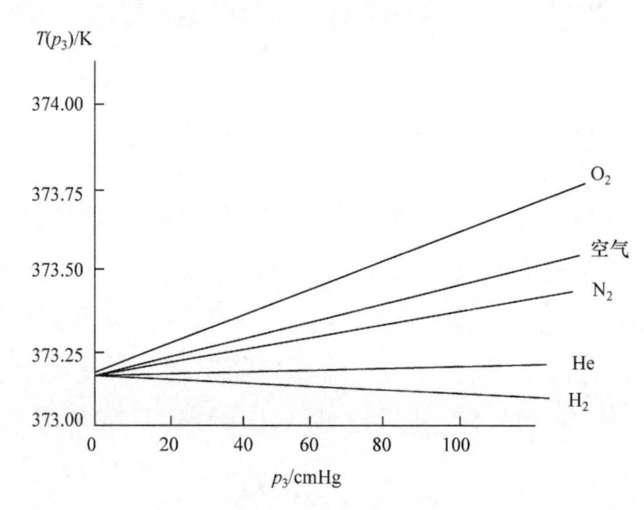

图 2-2-2　不同定体温度计测量水的沸点温度随压强的变化关系

测温气体物质的种类无关，仅依赖于各种气体的共性。实际上，现在人们都取理想气体温标作为标准，一切其他温度计都用它进行校准。

值得指出的是，按照(2.2.1)式定义的温标称为热力学温标或绝对温标，与测温物质的特性无关。热力学温标是国际上规定的基本温标。这种温标是无法实现的理论温标。理论可以证明，在理想气体适用的范围内，理想气体温标与热力学温标是完全一致的。实际上，热力学温标是通过理想气体温标实现的。

(4) 国际温标

热力学温标虽然可以用标准气体温度计来实现，但建立标准气体温度计技术上非常困难，且测量温度时操作麻烦，修正繁多。为了统一各国的温度计量，1927 年开始建立国际温标。这种温标要求使用方便，容易实现，尽可能与热力学温标一致。几经修改，现在国际采用的是 1990 年国际温标(ITS-90)。ITS-90 温标规定热力学温度(用符号 T 表示)为其基本温标，单位为开尔文(K)，1K 定义为水的三相点温度的 $1/273.16$。国际温标温度(T)与摄氏温度(t)之间有如下关系：

$$T = t + 273.15(\mathrm{K}) \tag{2.2.8}$$

摄氏温度的单位为摄氏度℃，大小与开尔文相等。

例 2.3　什么温度下，下列一对温标给出相同读数(如果有的话)，(1)华氏温标和摄氏温标；(2)华氏温标和热力学温标；(3)摄氏温标和热力学温标。

解　(1) 依题意得 $32+\frac{9}{5}t=t$，求解得 $t=-40℃$，即在 $t=-40℃$ 时，华氏温标和摄氏温标读数相同。

(2) 依题意得 $32+\frac{9}{5}t=t+273.15$，求解得 $t=301.44℃$ 或 $T=574.59\mathrm{K}$，即在 $t=301.44℃$ 或 $T=574.59\mathrm{K}$ 时，华氏温标和热力学温标读数相同。

(3) 依题意得 $t=t+273.15$，无解。因此摄氏温标和热力学温标不会给出相同读数。

例 2.4　设有一个定体气体温度计是按摄氏温标刻度的，它在冰点和沸点时，其中气体的压强分别为 0.400atm 和 0.546atm。试问：当气体的压强为 0.100atm 时，待测温度是多少？

解　设气体在冰点 t_1 和沸点 t_2 时的压强分别为 p_1 和 p_2，则依题意得任一温度 t 时的压强为

$$p = at + b\text{，其中 } a \text{ 和 } b \text{ 为常数}$$

于是，得

$$\begin{cases} p_1 = at_1 + b \\ p_2 = at_2 + b \end{cases}$$

联立求解得

$$a = \frac{p_1 - p_2}{t_1 - t_2}, \quad b = \frac{p_2 t_1 - p_1 t_2}{t_1 - t_2}$$

所以

$$t = \frac{p - b}{a} = \frac{p - \dfrac{p_2 t_1 - p_1 t_2}{t_1 - t_2}}{\dfrac{p_1 - p_2}{t_1 - t_2}} = \frac{(p - p_2)t_1 + (p_1 - p)t_2}{p_1 - p_2}$$

把 $p = 0.100$，$p_1 = 0.400$，$p_2 = 0.546$，$t_1 = 0.000$，$t_2 = 100.000$ 代入上式，得待测温度 $t = -205.479℃$。

2.2.4　气体的宏观热力学参量

在人们所直接接触的环境中，气体总是置于容器中，如图 2-2-3 所示。用人们直接测量的一些手段，如长度用米(m)或厘米(cm)，时间用秒(s)，质量或重量用千克(kg)等，来描述气体的状态，相对分子大小而言，称为宏观参数。气体的宏观参数主要有：

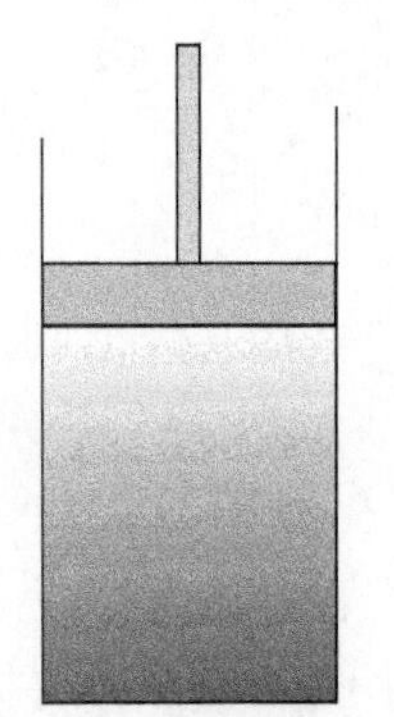

图 2-2-3　容器中的气体

(1) 体积 V：指气体分子所能达到的空间，在国际单位制(SI)中，体积单位为立方米(m^3)。另外，常用的单位有升、毫升等，$1L = 1000mL = 1000\ cm^3$。

(2) 压强 p：在国际单位制(SI)中，压强的单位

为帕(Pa)，即 N/m^2；常用的单位有标准大气压(atm)，毫米汞柱(mmHg)(又称托(Torr))，巴(bar)、毫巴(mb)。$1\text{atm}=1.01\times10^5\text{Pa}=760\text{mmHg}=760\text{Torr}$；$1\text{atm}=1.01325\text{bar}=1013.25\text{mb}$；$1\text{mmHg}=133.3\text{Pa}$。

(3) 热力学温度 T：宏观上描述物体的冷热程度，其单位为开尔文(K)。温度的标尺叫温标。常用温标有两种：一是绝对温标或热力学温标 T，其单位为开尔文(K)：另一是摄氏温标 t，其单位为摄氏度(℃)，$t=T-273.15$(℃)。

尽管由分子的平均动能定义的绝对温标的物理意义很清楚，但由于分子运动的平均能量不能直接测量，因而也无法直接测量上述定义的绝对温标。我们可以利用"理想气体"温标将绝对温标与人们日常熟悉的摄氏温标或华氏温标联系起来。考虑如图 2-2-4 所示装置。水银柱 M 和 M' 通过毛细管相连，构成气压计。气压计外是标准条件，即一个标准大气压和0℃。气压计左侧通过毛细管与气泡 B 相接。气泡 B 在外界标准条件下中注入纯氦气(氦气是单原子气体，氦分子机械运动只有三个方向的平移，氦原子间相互作用接近于弹性碰撞)，直至 M 与 M' 没有压差(即 $h=0$)。此时 B 中氦气绝对温度定为 T_0，气压 p_0 为一个标准大气压。再将 B 泡置于沸腾的水汽中，增加 M' 柱高度使 M 柱仍处原位，则 M' 柱高变化 h 表示了氦气升温到100℃时 B 内气压的增加，折算出为 p_1。我们取此时氦气的绝对温度为 $T_1=T_0+100$(K)。如果认为氦的气压与绝对温度成正比，我们就得到氦气压降为零时的摄氏温度为−273.15℃。也就是说，绝对温标的温度单位与摄氏温标相同，即为"度"(水的标准冰点与沸点差 100 度)，但其零点在−273.15℃或 $T_0=273.15\text{K}$。绝对温标中的单位(度)与通常摄氏温标相同。

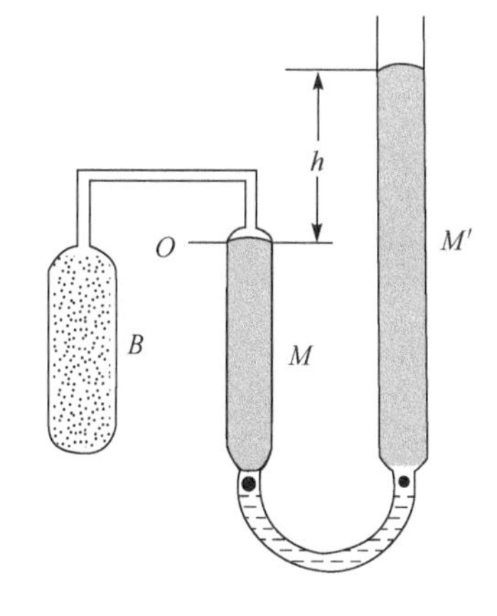

图 2-2-4　理想气体温度计

(4) 质量：气体的质量一般用克(g)或千克(kg)度量，若气体相对分子质量是 A，则 A 克气体称为 1mol。1mol 气体含 $N_A=6.022\times10^{23}$ 个分子。

以上四个参数中，压强、温度都不决定于体系的大小，在体系中任何一点都有确定的值，被称为“强度量”，即在气体中每一点取值，若气体不均匀，则气体中不同点的温度或压强可能不同。体积(或容积)及质量与体系的大小以及体系所包含的物质的量有关，被称为广延量，是描述气体整体的参数。一个热力学体系的状态可以通过规定适当的强度量和广延量的值来定义。为了对不同气体进行比较，通常定义气体的标准条件为温度 $t = 0℃$、压强 $p = 1\text{atm} = 1.013\times10^5\text{N/m}^2$ 下的状态。气体的四个宏观参数并不完全独立，它们之间的关系被称为“气体的状态方程”，我们将在本节后面详述之。在气体热力学中，所有的气体状态都应该可以用上述宏观参数表述。热力学过程应该是热力学状态变化的过程，即上述宏观参数变化的过程，也就是外界条件变化的过程。

2.2.5 理想气体的状态方程

对于容器中的理想气体，分子的无规则运动除了分子间相互碰撞外，还有飞到器壁后被器壁弹回的瞬时弹性碰撞。气体表面壁上受到的压强是飞到壁面上分子撞击的结果。

设想刚性立方容器中有 N 个气体分子，如图 2-2-5 所示，容器边长分别为 l_1, l_2, l_3，气体密度是 $n = \dfrac{N}{l_1 l_2 l_3}$。气体在 A_1 面上的压强应该是单位时间内所有撞击 A_1 面上分子传给 $A_1 = l_1 l_2$ 面的冲量总和。由于任一分子 i 与 A_2 或 A_3 等面的碰撞并不改变其在 x 方向速度 v_{ix}，而分子间的相互碰撞虽可改变一个分子的速度，但诸多碰撞也会再产生一个具有相同速度的分子。因此可以认为，在单位时间内 i 分子撞击 A_1 面的次数是 $\dfrac{v_{ix}}{2l_1}$，每次碰撞传递给 A_1 面的动量为 $2mv_{ix}$，则 i 分子传递给 A_1 面的冲量为 $\dfrac{mv_{ix}^2}{l_1}$。N 个分子对 A_1 面的推力为

$$F = \sum_i \frac{mv_{ix}^2}{l_1} = \frac{2N\varepsilon}{l_1}$$

压强是单位面积上气体在 x 方向上的推力，即

$$p = F/l_2l_3 = 2n\varepsilon \tag{2.2.9}$$

可见，压强与分子在一个自由度(x 方向上)的平均能量 ε 成正比。

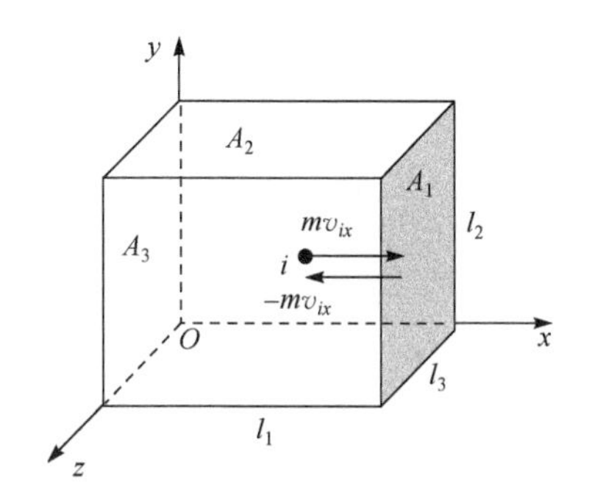

图 2-2-5　气体压强公式的推导

当气体处于热力学平衡态时，即能量均分状态，$\varepsilon = \dfrac{1}{2}k_BT$，代入(2.3.1)式可得理想气体的状态方程

$$p = nk_BT \tag{2.2.10}$$

从宏观角度，要直接确定气体分子密度 n 是很不方便的。如果甲、乙两种气体的相对分子质量分别是 A 和 B，则 A 克的甲分子数目与 B 克的乙分子数目是相等的。习惯上，用物质的量来度量气体的量，A 克甲气体等于 1mol 的甲气体，同样 B 克乙气体等于 1mol 的乙气体。气体的物质的量很容易通过质量的测量得到。已经知道，在标准条件下，1mol 理想气体有 $N_A = 6.022\times10^{23}$ 个分子，体积 $V_0 = 22.414\,\mathrm{L}$。由此，我们可以将气体物态方程(2.2.10)改写成

$$pV = sRT \tag{2.2.11}$$

式中 s 是气体物质的量，$R = N_Ak_B = \dfrac{p_0V_0}{T_0} = 8.31\,\mathrm{J/(K\cdot mol)}$ 是普适气体常量。

值得指出的是，当压强不太大时，理想气体状态方程还可以近似用于一般气体。但当气体压强达到上百标准大气压时，一般实际气体与理

想气体的差别就很大了，理想气体的状态方程对实际气体就完全不适用了。

例 2.5 气体的温度 $T=273\text{K}$，压强 $p=1.01\times10^{2}\text{N}/\text{m}^{2}$，密度 $\rho=1.24\times10^{-3}\text{kg}/\text{m}^{3}$，试求气体的摩尔质量，并确定是什么气体。

解 由 $pV=sRT$，得 $pV=\dfrac{m}{M}RT$。因此 $p=\dfrac{\rho}{M}RT$，把数据代入，得 $M=28\text{g/mol}$，即气体摩尔质量为 28g/mol。所以该气体为 N_2 或 C_2H_4 或 CO。

上面讨论了单一化学成分的气体，但在实际中碰到的气体往往是包含几种不同化学组分的混合气体，如空气。描述混合气体状态的状态参量除几何参量 V 和力学参量 p 外，还需要由混合气体包含的各种化学组份的物质的量($s_1,s_2,\cdots,s_i,\cdots$)表示的化学参量。当然，也可以由各化学组分的质量($M_1,M_2,\cdots,M_i,\cdots$)和摩尔质量($\mu_1,\mu_2,\cdots,\mu_i,\cdots$)来表示化学参量，

$$s_1=\frac{M_1}{\mu_1},s_2=\frac{M_2}{\mu_2},\cdots,s_i=\frac{M_i}{\mu_i},\cdots$$

道尔顿分压定律指出：混合气体的压强等于各组分的分压强之和。这里的组分分压强是指该组分气体具有与混合气体同温度同体积而单独存在时的压强。设 $p_1,p_2,\cdots,p_i,\cdots$ 为各组分的分压强，p 为混合气体的压强，则

$$p=\sum_{i=1}p_i \tag{2.2.12}$$

实验表明，道尔顿分压定律对于压强不大的混合气体只是近似成立，只有对压强趋于零的理想混合气体才严格成立。

如果 T 和 V 分别是混合气体的温度和体积，按照分压的定义和理想气体状态方程(2.2.11)，第 i 种组分气体满足方程

$$p_iV=s_iRT \tag{2.2.13}$$

对各组分气体满足的上面方程求和，得

$$\sum_i p_i V = \sum_i s_i RT = \sum_i \frac{M_i}{\mu_i} RT \tag{2.2.14}$$

由分压定律知，混合气体压强 $p = \sum_i p_i$ 。另外， $s = \sum_i s_i = \sum_i \frac{M_i}{\mu_i}$ 表示混合气体的总物质的量，于是得混合理想气体的状态方程为 $pV = sRT$ ，形式与(2.3.3)式一致。这里的物质的量 s 等于各组份的物质的量之和。设混合气体的总质量为 M ，若定义混合气体的平均摩尔质量为 $\bar{\mu}$ ，则

$$\bar{\mu} = \frac{M}{s} = \frac{M}{\sum_i \frac{M_i}{\mu_i}} \tag{2.2.15}$$

则混合理想气体的状态方程可表示为

$$pV = \frac{M}{\bar{\mu}} RT \tag{2.2.16}$$

例 2.6　已知空气中几种主要组分的分压百分比是氮(N_2)78%，氧(O_2)21%，氩(Ar)1%，求它们的质量百分比和空气在标准条件下的密度。

解　因为温度相同，分压百分比等于分子数密度百分比。又因为分子数密度 $n_\alpha = \frac{s_\alpha M}{V}$,所以分子数密度百分比又等于物质的量 s_α 百分比。因此，质量百分比为

$$s_{N_2} M_{N_2} : s_{O_2} M_{O_2} : s_{Ar} M_{Ar} = 0.78 \times 28 : 0.21 \times 32 : 0.01 \times 40$$

即质量百分比为氮(N_2)75.4%，氧(O_2)23.2%，氩(Ar)1.4%。

标准条件下空气的密度为

$$\begin{aligned}\rho &= \frac{s_{N_2} M_{N_2} + s_{O_2} M_{O_2} + s_{Ar} M_{Ar}}{s \cdot 22.4\text{L/mol}} \\ &= \frac{0.78 \times 28\text{g} + 0.21 \times 32\text{g} + 0.01 \times 40\text{g}}{22.4 \times 10^3 \text{cm}^3} \\ &= 1.29 \times 10^{-3} \text{g/cm}^3 = 1.29 \text{kg/m}^3\end{aligned}$$

2.2.6　理想气体的热容、定体和定压热容

气体的热能就是气体分子热运动能量总和，即(2.2.2)式，它是温度

和体积的函数，即$U=U(T,V)$。1mol 气体的热能记为$u(T,V)$。摩尔定体热容量C_V定义为：体积不变，温度升高 1 度所需的热能，即

$$C_V=\left(\frac{\partial}{\partial T}u(T,V)\right)_V \tag{2.2.17}$$

假设气体有N个分子，每个分子有i个与能量有关的自由度，若这些自由度都参与能量均分(如理想气体或温度足够高的气体)，分子每个自由度的平均能量是$\frac{1}{2}k_BT$，因此气体总热能应该是$U(T,V)=\frac{1}{2}Nik_BT$。对s mol 气体，热能为$U=\frac{1}{2}siRT$。气体的摩尔定体热容量是$C_V=\frac{1}{2}iR$，其中$R=8.31\text{J}/(\text{K}\cdot\text{mol})$。理想气体实际上只有一个状态函数$C_V$，即摩尔定体热容量$C_V$，再结合物态方程就能完全描述理想气体的特性。气体的摩尔定压热容量$C_p=C_V+R$。单位质量的热容，称为比热容，简称比热。

例 2.7 一高 2.6m，面积为 10m^2 的小房间有小泄气孔与室外大气相通，并设小房间近似与外界绝热，标准条件下空气的密度$\rho=0.00129\text{g/cm}^3$，空气的定压比热近似看作常数$c_p=0.238\text{cal/(g}\cdot\text{K)}$。若使用电加热方式使房间温度从 0℃升至 20℃需要消耗多少电能?

解 由于小房间通过小孔与室外大气相通，因此室内始终保持一个标准大气压强，即室内压强$p=1\text{atm}$，室内空气体积$V=2.6\text{m}\times10\text{m}^2=26\text{m}^3$也保持不变。由状态方程$pV=\frac{M}{\mu}RT$知，室内空气的质量$M$与温度$T$的乘积为常数，即$MT=C$。

室内温度从 0℃升至 20℃吸收的热量为

$$Q=\int_{T_1}^{T_2}Mc_p\mathrm{d}T=\int_{T_1}^{T_2}\frac{M_1T_1}{T}c_p\mathrm{d}T=M_1T_1c_p\int_{T_1}^{T_2}\frac{\mathrm{d}T}{T}=M_1T_1c_p\ln\frac{T_2}{T_1}$$

这里$M_1=\rho V=0.00129(\text{g/cm}^3)\times26\text{m}^3=33.5\text{kg}$，$T_1=273.15\text{K}$，$T_2=293.15\text{K}$，$c_p=0.238\text{cal/(g}\cdot\text{K)}=0.996\times10^3\text{J}/(\text{kg}\cdot\text{K})$。将上述数值代入上式可得

$$Q = 33.5\times 273.15\times 0.996\times 10^3\times \ln\frac{293.15}{273.15} = 6.44\times 10^5\,\mathrm{J}$$

材料的比热不管在实用上还是理论上都很重要。计算热量的吸收或验证理论的正确性，比热的实验数据都是重要的资料。通常测量某种材料的比热是将这种材料的物体质量 m_1 先测出来，并测出实验开始时质量为 m_2 的装在绝热容器内的水的初始温度 T_2，然后待测物体加热至容易测量的温度 T_1，之后将待测物体投入绝热容器中的水里，等待测物体与水热平衡后，测出它们的温度 T_f。水的比热为 $c_2 = 4.184\mathrm{kJ/(kg\cdot K)}$，则由待测物体放出的热量等于水吸收的热量可得

$$m_1 c_1 (T_1 - T_f) = m_2 c_2 (T_f - T_2)$$

从而可得待测物体的比热

$$c_1 = \frac{m_2 (T_f - T_2) c_2}{m_1 (T_1 - T_f)}$$

对于接近理想气体的单原子分子气体，热能的理论值是 $U = \frac{3}{2}mRT$，则摩尔定体热容量是

$$C_V = \frac{3}{2}R \tag{2.2.18}$$

该值与多种单原子分子气体的实验值很接近，如表 2-2-1 所示。

表 2-2-1　几种单原子气体分子的摩尔定体热容量 C_V　(单位：cal/(K · mol))

气体	He	Ne	Ar	Kr	Xe
C_V	2.96	3.08	2.98	2.92	3.00

2.3　非理想气体的热能和状态方程

非理想气体有两类：一类是由多原子分子构成的气体，分子机械运动除平动外，还包括转动及振动，但分子间的碰撞还是瞬时的，我们称之为“准理想气体”；另一类是必须考虑分子间相互作用的有限力程，

如范德瓦耳斯相互作用($E(r)=\dfrac{B}{r^{12}}-\dfrac{A}{r^{6}}$ ，其中 A，B 为正的常数，不同原子间 A, B 取值不同)，该类气体被称为范德瓦耳斯(van der Waals)气体。

2.3.1 准理想气体的热能及状态方程

准理想气体与理想气体的主要差别是分子有“转动”和“振动自由度”。若转动和振动都是“经典运动，能量连续变化”，则能量均分适用于所有自由度，可直接写出热能和比热。实际上转动和振动自由度都可能量子化，在分子碰撞中有可能被“冻结”。与平动动能比较，完全冻结后的自由度就不再对热能有贡献。有相当多的实验结果，存在“部分冻结的温度区间”。因此，理论上计算热能和比热是十分困难的，即便是运用统计力学理论。通常，在热力学中，由实验测量比热和温度关系，再积分求热能。

对于多原子分子气体，若分子与能量有关自由度数为 i ，实验测量比热的结果并非如上述简单经典气体的结果。C_V 不再是常数，随温度单调上升，偏离 $iR/2$ 很远，如表 2-3-1 所示。

表 2-3-1 一些气体在 0℃时的摩尔定体热容量 C_V (单位：cal/(K · mol))

双原子分子气体	H_2	O_2	N_2	CO	
C_V	4.85	5.01	4.97	4.97	
多原子分子气体	CO_2	H_2O	CH_4	C_2H_2	NH_3
C_V	6.4	5.98	6.28	7.97	6.80

为了进一步了解多原子分子气体摩尔定体热容量随温度变化的原因，我们列举了氢分子气体摩尔定体热容量在很大范围内随温度的实测值，如表 2-3-2 或图 2-3-1 所示。氢分子由两个氢原子结合而成。在极低温度下(–233℃)，氢气的摩尔定体热容量 C_V 接近 $3R/2$ ，这似乎表明只有氢分子平动自由度上的能量对总热能才有贡献。到 0℃以上，氢气的 C_V 接近 $5R/2$ ，似乎 2 个转动自由度参加贡献热能。500℃以上，氢气 C_V 值继续上升，至 2500℃时，C_V 值已接近 $7R/2$ ，这表明 2 个振

动自由度似乎已完全参与了热运动。其他双原子分子气体C_V值与温度关系也大体类似，只是出现$C_V=5R/2$及其后出现$C_V=7R/2$的温度各不相同。

表 2-3-2　氢分子气体摩尔定体热容量 C_V　(单位：cal/(K · mol))

温度/℃	−233	−183	−76	0	500
C_V	2.98	3.25	4.38	4.85	5.07
温度/℃	1000	1500	2000	2500	
C_V	5.49	5.99	6.39	6.69	

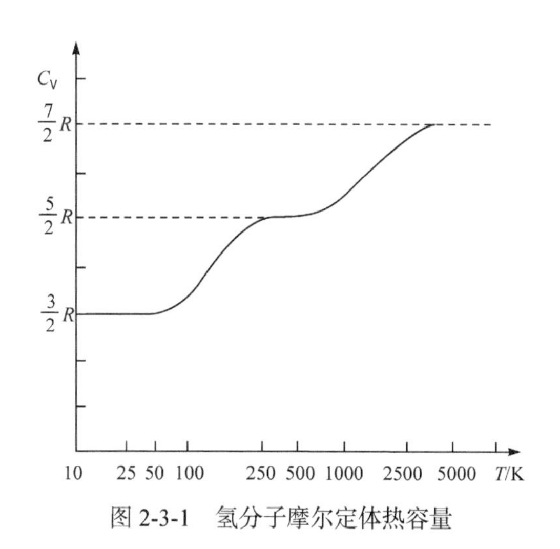

图 2-3-1　氢分子摩尔定体热容量

根据分子转动和振动的量子理论，上述双原子分子气体摩尔定体热容量的变化行为，正是大自然向人类展示的量子效应的宏观表现之一。在极低温度下($k_BT<2g_r$)，热能只是来自分子平移运动能量贡献$\left(\varepsilon=\dfrac{3}{2}k_BT\right)$，分子转动和振动自由度都被冻结，$C_V$取值接近$3R/2$。对氢分子，转动能级$2g_r$比振动能级间距$h\nu_j$小很多，温度在 300K 以上，$k_BT>2g_r$，转动自由度被“解冻”，摩尔定体热容量增至$5R/2$左右。氢分子振动自由度的解冻大约在 3000K 左右，摩尔定体热容量增至$C_V=7R/2$。其他双原子分子气体摩尔定体热容量随温度也有类似变化。

对多原子分子气体，随着温度的增加，转动自由度和振动自由度陆续被“解冻”，气体摩尔定体热容量增加的行为将更为复杂，通常都是用实验方法测量摩尔定体热容量作为温度的函数$C_V(T)$。不同气体摩尔定体热容量随温度的变化，可以从一些出版书中查出。而气体的热能则应该由摩尔定体热容量的实验值积分得到，

$$u(T)=\int_0^T C_V(T)\,\mathrm{d}T \tag{2.3.1}$$

式中温度应取绝对温标。

由于温度和压强都由分子平动自由度的平均能量确定。准理想气体的物态方程与理想气体相同。

2.3.2　范德瓦耳斯气体的状态方程

理想气体是反映各种实际气体在压强趋于零时所共有的极限性质的气体，是一种理想模型。在一般的压强和温度下，可以把实际气体近似当作理想气体处理。但是，在压强太大或温度太低(接近于其液化温度)时，实际气体与理想气体有显著偏离。为了更精确描述实际气体的行为，人们提出很多实际气体的状态方程，其中最重要、最具有代表性的是范德瓦耳斯方程。

范德瓦耳斯方程是在理想气体状态方程基础上修改得到的半经验方程。理想气体是完全忽略(除分子碰撞瞬间以外)所有分子间的相互作用的气体，而实际气体是不能忽略分子间作用力的，原因是实际气体压强大，分子数密度也大，分子间平均距离比理想气体小得多所致。在2.1节中已经讨论过，组成宏观物体的分子间作用力包含引力和斥力，不管分子间作用力是引力还是斥力，都是当分子接近到一定距离后才发生的，也就是说不管分子间的作用力是引力还是斥力都是有力程的，而且分子间的引力力程远大于斥力力程。分子间短程但强大的斥力作用使得分子间不能无限靠近，这相当于每个分子具有一定其他分子不能侵入的体积，因而在气体中，单个分子能够活动的空间不是气体所占据的体积V，而是$V-sb$，其中s是气体的物质的量，b为1mol气体分子具有

的体积。因此，考虑到气体分子间斥力的存在，理想气体的状态方程(2.2.11)应修改为 $p(V-sb)=sRT$ 。考虑到分子间的引力后，气体的压强也会变化。假设分子引力的力程为 r 。气体内部任一个分子 α 只受以 α 为中心 r 为半径的球内分子的作用力。由于球内分子相对于 α 是对称分布，所以它们对 α 分子的引力相互抵消，因而气体内的分子在运动中并不受其他分子引力作用的影响。但是当气体分子运动到距离器壁小于 r 后，分子受其他气体分子的引力将不能抵消，而受一指向气体内部的合引力 f ， f 的大小除与气体分子本身性质有关外，还与气体的分子数密度 n 成比例。综合来看，考虑到气体分子间的引力的存在，气体的压强比仅考虑分子间的斥力影响得出的要小一个修正量 Δp ，即

$$p=\frac{sRT}{V-sb}-\Delta p \tag{2.3.2}$$

其中 Δp 称为气体的内压强，它是由于同器壁碰撞前分子受一个指向气体内的力 f 引起的， $f\propto n$ ，同时 Δp 还与单位时间碰撞单位器壁面积的分子有关。故 Δp 既与 n 有关，又与 f 有关。因此， $\Delta p\propto n^2$ 。而 $n\propto\frac{s}{V}$ ，所以

$$\Delta p=a\left(\frac{s}{V}\right)^2$$

代入(2.3.2)式可得实际气体的状态方程

$$\left(p+\frac{as^2}{V^2}\right)(V-sb)=sRT \tag{2.3.3}$$

这就是范德瓦耳斯气体状态方程。方程中的参数 a,b 对一定气体讲都是常数，可以由实验测定。表 2-3-3 给出了几种常见气体的 a,b 实验值。

表 2-3-3　常见气体的范德瓦耳斯常数

气体	a/(atm · L^2/mol^2)	b/(L/mol)
He	0.03412	0.02370
Ne	0.2107	0.01709
Ar	1.345	0.03219
H_2	0.191	0.0218

续表

气体	a/(atm · L^2/mol^2)	b/(L/mol)
N_2	1.390	0.03913
O_2	1.360	0.03183
CO_2	3.60	0.0428
NH_3	4.19	0.0373
H_2O	5.48	0.0306

对于 1mol 气体的范德瓦耳斯方程为

$$\left(p+\frac{a}{V^2}\right)(V-b)=RT \tag{2.3.4}$$

表 2-3-4 给出了 1mol 氢气在 0℃(273.15K) 不同压强下测得的 pV 值和 $\left(p+\frac{a}{V^2}\right)(V-b)$ 值。从中可以看出，压强在一到几十个标准大气压范围内，pV 和 $\left(p+\frac{a}{V^2}\right)(V-b)$ 都与 $RT=22.41\text{atm}\cdot\text{L}$ 值没什么差别，即理想气体状态方程与范德瓦耳斯方程都能反映氢气的性质。但当压强达到100atm 时，氢气的 pV 值已与 $RT=22.41\text{atm}\cdot\text{L}$ 出现偏离，到500atm 时，偏离已很大。但是氢气的 $\left(p+\frac{a}{V^2}\right)(V-b)$ 值与 $RT=22.41\text{atm}\cdot\text{L}$ 值比较，直到500atm 时，还相差极小。p 达到1000atm 时，$\left(p+\frac{a}{V^2}\right)(V-b)$ 值与 RT 的偏差也才15.6% 。这表明范德瓦耳斯方程在很广的压强范围内都能很好地反映实际氢气的性质。

表 2-3-4　0℃，1mol 氢气在不同压强下的 pV 和 $\left(p+\frac{a}{V^2}\right)(V-b)$ 值

p/atm	V/(L/mol)	pV/(atm · L/mol)	$\left(p+\frac{a}{V^2}\right)(V-b)$
1	22.41	22.41	22.41
100	0.2400	24.00	22.6
500	0.06170	30.85	22.0
1000	0.03855	38.55	18.9

例 2.8　把氧气看作范德瓦耳斯气体，它的 $a=1.36\times10^{-1}\text{m}^6\cdot\text{Pa}/\text{mol}^2$，$b=32\times10^{-6}\text{m}^3/\text{mol}$，求密度为$100\text{kg}/\text{m}^3$、压强为$10.1\text{MPa}$时氧的温度，并把结果与把氧当作理想气体时的结果作比较。

解　由范德瓦耳斯方程

$$\left(p+\frac{s^2a}{V^2}\right)(V-sb)=sRT$$

取$s=1$，得 1mol 气体方程

$$\left(p+\frac{a}{V^2}\right)(V-b)=RT$$

又$\rho=\dfrac{M_{\text{O}_2}}{V}$，所以

$$V=\frac{M_{\text{O}_2}}{\rho}$$

代入上式，得

$$\left(p+\frac{\rho^2a}{M_{\text{O}_2}^2}\right)\left(\frac{M_{\text{O}_2}}{\rho}-b\right)=RT$$

把$p=1.01\times10^7$，$\rho=100$，$M_{\text{O}_2}=32\times10^{-3}$，$a=1.36\times10^{-1}$，$b=32\times10^{-6}$代入上式，求解得$T\approx396\text{K}$。

若把气体看成理想气体，则气态方程为$pV=RT$，依题意得$p\dfrac{M_{\text{O}_2}}{\rho}=RT$，代入数据，求得$T\approx389\text{K}$。可见，理想气体比实际气体温度低约$7\text{K}$。

更准确的实际气体状态方程是昂内斯(Onnes)方程：

$$pV=A+Bp+Cp^2+Dp^3+\cdots \tag{2.3.5}$$

其中$A,B,C,D,\cdots$分别叫第一维里系数、第二维里系数、第三维里系数、第四维里系数……，它们都是温度的函数。当压强趋于零时，(2.3.5)式应变为理想气体状态方程$pV=RT$，所以第一维里系数$A=RT$，其他

维里系数则需在不同温度下用气体做压缩实验确定。表 2-3-5 列出了几个不同温度下氮气的维里系数的实验值。由表中数值可以看出，B,C,D 的数量级减小很快，所以在实际应用中只取昂内斯方程中的前两项或前三项就够了。

表 2-3-5　氮的维里系数

T/K	B/(10^{-3}/atm)	C/(10^{-6}/atm^2)	D/(10^{-9}/atm^3)
100	−17.951	−348.7	−216630
200	−2.125	−0.0801	+57.27
300	−0.183	+2.08	+2.98
400	+0.279	+1.14	−0.97
500	+0.408	+0.623	−0.89

2.4　气体热力学中能量传输过程

在热力学中，热能作为一种能量，是与具体的物体联系在一起的。我们说“某一定量气体的热能是多少”，而不能脱开物体而直接说“热能是多少”。物体的热能可以变化。如果物体 A 热能的变化 $-Q$ 直接导致另一物体 B 热能等量、相反向的变化，则称物体 A 传送热量 Q 至物体 B。这种热量的直接传送称为传热过程。高温的物体可以自动直接传递热量给与其接触的低温物体。在热力学的范围内，一定量气体改变热能的途径主要有两种。一种是传热过程，直接传送热量 ΔQ 给外界(另一物体)。另一种是气体膨胀(或被压缩)对外做功(或做负功)，则气体一部分热能转化为外界物体的机械能(或反之)。两种方式的结合，是当前热能与机械能大规模相互转化的主要途径。

2.4.1　外界的热传递和热量

两个温度不同的物体相互接触，如图 2-4-1 所示，接触面为 S，$T_A > T_B$。在 S 面附近，物体 A 的分子平均平动动能 $\frac{3}{2}k_B T_A$，大于在 S 面

的另一侧附近物体 B 分子的平均平动动能 $\frac{3}{2}k_B T_B$。如果 S 是绝热面，则 T_A 与 T_B 保持不变。若 S 是导热面，两边分子可以碰撞，则平均有一部分动能将从物体 A 分子转到物体 B 分子上。同样通过碰撞，在边界上失去一部分能量的物体 A 分子将从靠近它们的内部分子得到一些能量；在边界上得到一部分能量的物体 B 分子也会将多得的能量转到物体 B 内部。各物体内部分子间的碰撞将很快(10^{-9} s 内)将这部分失去或得到的能量均分到内部所有分子所有自由度上，分别导致温度 T_A 的下降和 T_B 的上升。由于碰撞是能量守恒的，物体 A 所有分子失去的能量当然等于物体 B 所有分子得到的能量。

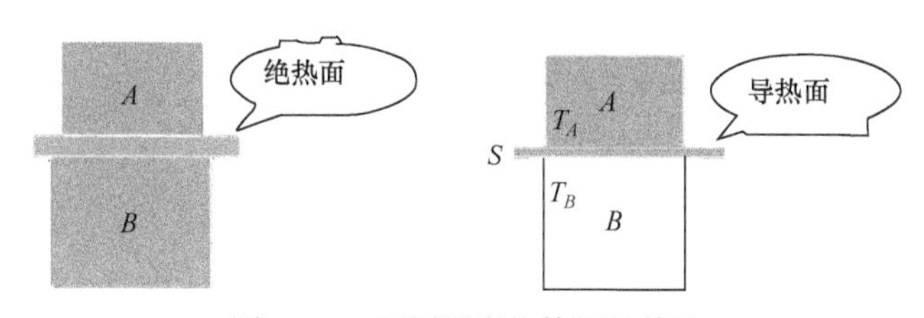

图 2-4-1　不同温度物体间的传热

如果物体是气体，在单纯热传输时体积是不变的。热量的计算是很直接的。前面已经定义，气体容积不变，温度升高 1 度所吸收的热量为摩尔定体热容量。1mol 的气体温度从 T_2 升到 T_1 所需热量为

$$Q(T_2 - T_1) = \int_{T_2}^{T_1} C_V(T)\mathrm{d}T \tag{2.4.1}$$

2.4.2　外界对气体做功

在力学中，功定义为力与位移的乘积，对质点做功导致质点动能变化。在气体热力学中，外界对气体做功，导致气体状态变化，如温度或压强上升、体积减小等。设想气体装于圆桶中，被活塞 S 所封，如图 2-4-2 所示。气体压强为 p，活塞可在内壁无摩擦滑动。若活塞滑动距离 Δl，活塞对气体做功为 $\Delta A' = pS\Delta l = -p\Delta V$。反之，气体对外界做功为 $\Delta A = p\Delta V$。在整个做功过程中，气体压强也会变化，若气体体积从 V_1 变到 V_2，气体对外做功为

$$A=\int_{V_1}^{V_2} p(V,T)\,\mathrm{d}V \tag{2.4.2}$$

$p(V,T)$ 就是物态方程。气体对外做功导致气体热能的减少(体积加大，温度及压强下降)，反之外界对气体做功导致气体热能的增加。

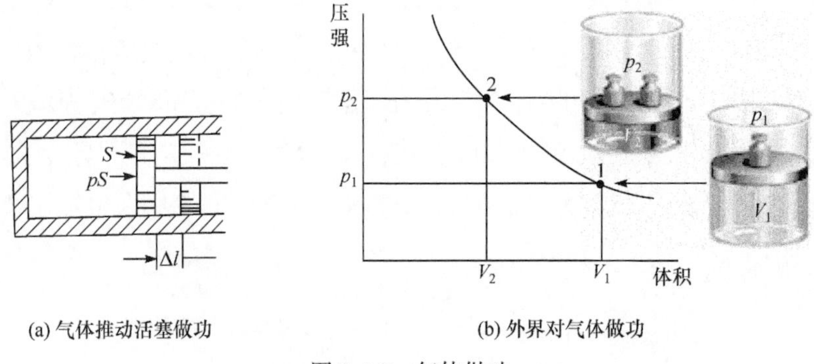

(a) 气体推动活塞做功　　(b) 外界对气体做功

图 2-4-2　气体做功

2.4.3　热力学第一定律

在热力学中，均匀气体的热力学状态(简称状态)是指具有一定宏观参数(温度、压强、体积、质量等)的稳定的平衡态，从分子角度看，分子各自由度能量是“均分”的。当然也存在“非平衡态”，但对均匀气体来说，非平衡态存在时间极为短暂(约10^{-9} s，很快过渡到总热能相同的“平衡态”，也就是能量均分的热力学态)，因此在宏观上感觉不到，不属于热力学讨论范围。一般说来，气体热力学状态的维持需要一定的外界条件，或一定的外界作用，如有一定容器限定的气体体积，与气体接触的外界部分有一定温度，对气体施加一定压强保证气体不向外传热或膨胀，等等。状态的改变也是由于外界的变动。在热力学中还可考虑的(也经常提及的)是所谓“局域平衡状态”，即在气体中每一小体积内气体处于平衡态，不同小体积平衡态参数不同，因而可以认为气体参数(温度、压强等强度量)不均匀，是坐标的函数。在外界条件不变下，气体局域平衡态可自发变化，最后趋向均匀的平衡态。这种过程在气体中是比较快的，大约在10^{-4} s 内，但在有些情况下比较慢，是宏观可观测的。局域平衡态的变化及趋向平衡是非平衡态热力学或非平衡态统计物理讨论的内容。我们以下将介绍均匀气体在外界条件变化下，从一个热力学平衡态变化到另一热力学平衡态，这就是所谓“热力学过程”。如前所述，在有些情况下(特别是气体体积比较大时)，状态变化过程中也会暂时出现不均匀的局域平衡状态，但总的说来，气体中局域平衡趋向平衡是比较快的，如果气体体积不太大，只要整个过程比较慢(有人称为准静态过程)，还是可以认为过程中历经的都是由外界作用决定的均匀气体热力学状态，也就是说，热力学过程是由热力学状态描述的。

在气体热力学讨论的范围，外界改变气体状态的方式有两种，即传热量及做功。根据总机械能量守恒原理，若ΔU是气体热能的增加量，$A=-p\Delta V$是外界对气体做功，Q是外界传给气体的热量，则有

$$\Delta U = A + Q \tag{2.4.3}$$

这就是“热力学第一定律”。它是分析热力学过程最基本的出发点。需要注意的是，U是气体状态的函数，即每个气体状态都有确定的热能值，ΔU由过程的初态与终态完全决定。但A和Q都不是状态的函数，给定初态及终态，可以有不同的途径(也就是不同的外界作用)来达到。在这里我们看到热能和热量的区别，即热能是态函数，而热量不是，它的数值依赖于过程。我们可以在一定体积和压强下，一定温度的气体具有多少热能，但不能说具有多少热量。

值得指出的是，(2.4.3)式中的A和Q分别代表外界对系统所做的功和外界传递给系统的热量。它们都代表数量，可正可负。外界对系统做负功，表示系统对外界做正功。外界传递给系统负热量，表示系统传递给外界正热量。反之亦然。

2.4.4　理想气体的热力学过程

在分子总数不变的情况下，气体热力学状态由外界条件决定。外界条件主要由三个参数：压强p、温度T及体积V表述，这三个参数由一个关系相联系，即物态方程$p(V,T)$。外界条件的变化引起热力学状态的变化，即所谓的热力学过程。需要指出的是，外界条件变化可能会引

起气体不均匀，但由于气体的流动及扩散，均匀化时间为 10^{-4}s 左右，对宏观观测来说均匀化过程仍基本上可忽略，可以认为气体平衡态与外界条件同步变化。热力学过程可表述为热力学参数的变化过程。变化中热力学参数仍满足气体物态方程。

在求解具体的热力学过程中，除了利用上述物态方程外，还要利用热力学第一定律考虑热能的变化。对于理想气体或准理想气体，热能只与温度有关，与体积无关。气体通过热力学过程改变热能及对外做功。我们讨论几种重要的气体热力学过程。

(1) 等体过程。整个过程中体积保持不变，$\Delta V=0$。外界对气体不做功，即 $A=0$。气体热能 U、温度 T 和压强 p 等参数的变化完全取决于外界传递的热量 Q。1mol 理想气体满足物态方程：$p/T=R/V$，表明等体过程中压强与温度成正比。若整个等体过程气体温度由 T_1 到 T_2，则输入热量或气体热能变化为

$$Q=U_2-U_1=\int_{T_1}^{T_2}C_V(T)\,\mathrm{d}T \tag{2.4.4}$$

对理想气体，C_V 是常数 $\frac{3}{2}R$，则

$$Q=\frac{3}{2}R(T_2-T_1)$$

(2) 等压过程，即整个过程中气体的压强保持不变。1mol 气体在等压过程中温度升高 1 度所需外界传递的热量 $(Q)_p=\Delta u+p\Delta V$。对理想气体或准理想气体而言，热能只是温度的函数，Δu 应该就是摩尔定体热容量 C_V，再利用理想气体物态方程，可以得到 $p\Delta V=R\Delta T$。定义气体的摩尔定压热容量 C_p，则得到气体摩尔热容量的重要关系：$C_p=C_V+R$。实验结果与此关系相当符合。

1mol 理想气体，或准理想气体，压强 p 保持恒定，则物态方程可写成 $V/T=R/p=$ 常数，体积与温度成正比。气体体积由 V_1 变为 V_2，温度由 T_1 变为 T_2，$T_2-T_1=\frac{p}{R}(V_2-V_1)$，外界对气体做功为

$$A = -p(V_2 - V_1) \tag{2.4.5}$$

外界传递给气体的热量为

$$(q)_p = \int_{T_1}^{T_2} C_p(T)\mathrm{d}T = \frac{5}{2}p(V_2 - V_1) \tag{2.4.6}$$

(3) 等温过程，即温度保持不变。1mol 理想气体或准理想气体，物态方程可写成 $pV = RT =$ 常数。图 2-4-3(a)是通常在 p-V 平面上等温过程的表示，该过程是对应一定温度的双曲线。

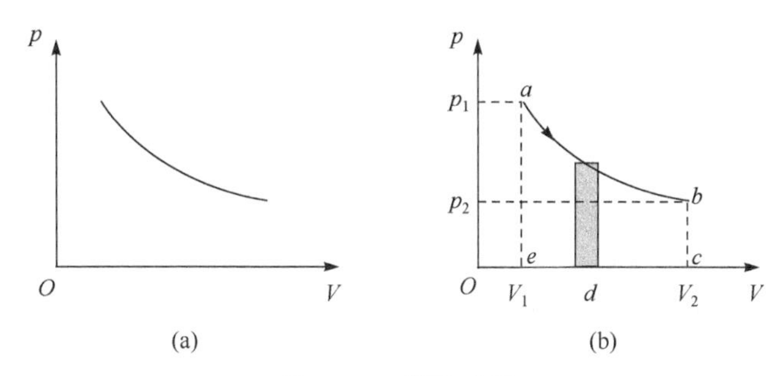

图 2-4-3　等温过程

在等温过程中，由于气体的热能不变，即 $U_2 - U_1 = 0$，气体对外放出的热量 $Q(=-A)$ 等于外界对气体做的正功。或者说，气体对外界做功等于从外界吸入的热量。图 2-4-3(b)示意了等温过程对外做功。等温过程由点 a 到 b，图形 $abcea$ 所包围的面积就是对外做的纯功。很容易得到

$$A = \int \mathrm{d}A = \int_{V_1}^{V_2} p\,\mathrm{d}V = \int_{V_1}^{V_2} RT\frac{\mathrm{d}V}{V} = RT\ln\frac{V_2}{V_1} \tag{2.4.7}$$

(4) 绝热过程，即在整个热力学过程中，系统始终不与外界交换热量。根据热力学第一定律，由于 $Q = 0$，则 $\Delta U = U_2 - U_1 = -A$，$A$ 是系统对外界做的功。如果经过绝热过程，气体温度由 T_1 变到 T_2，则

$$A = -\Delta U = -\int_{T_1}^{T_2} C_V(T)\,\mathrm{d}T \tag{2.4.8}$$

考虑理想气体的绝热过程，若气体的体积有微小改变 $\mathrm{d}V$，压强改变 $\mathrm{d}p$，温度变化 $\mathrm{d}T$，则由物态方程 $pV = RT$ 得到 $p\mathrm{d}V + V\mathrm{d}p = R\mathrm{d}T$。由绝热条

件$-p\mathrm{d}V = C_V\mathrm{d}T$，我们得到

$$(C_V + R)p\mathrm{d}V = -C_V V\mathrm{d}p$$

理想气体$C_P = C_V + R$，令$\gamma = \dfrac{C_p}{C_V}$，则得$\mathrm{d}p$与$\mathrm{d}V$之间的关系：

$$\frac{\mathrm{d}p}{p} + \gamma\frac{\mathrm{d}V}{V} = 0$$

对上式两边积分，有

$$\ln p + \gamma \ln V = C\ (\text{常数})$$

即得到绝热过程中p与V的关系为

$$pV^{\gamma} = \text{常数} \tag{2.4.9}$$

此关系也称为泊松(Poisson)公式。利用泊松公式，可以求得绝热过程气体对外界做功为

$$A = \int_{V_1}^{V_2} p\mathrm{d}V = \frac{R}{1-\gamma}(T_2 - T_1) \tag{2.4.10}$$

比较绝热方程$pV^{\gamma} = \text{常数}$和等温方程$pV = \text{常数}$，因为$\gamma > 1$，所以在A点绝热线的斜率大于等温线的斜率，即

$$\left(\frac{\mathrm{d}p}{\mathrm{d}V}\right)_Q > \left(\frac{\mathrm{d}p}{\mathrm{d}V}\right)_T$$

于是可在p-V图上作出绝热过程曲线，如图2-4-4所示，图中实线是绝热线，虚线为等温线。

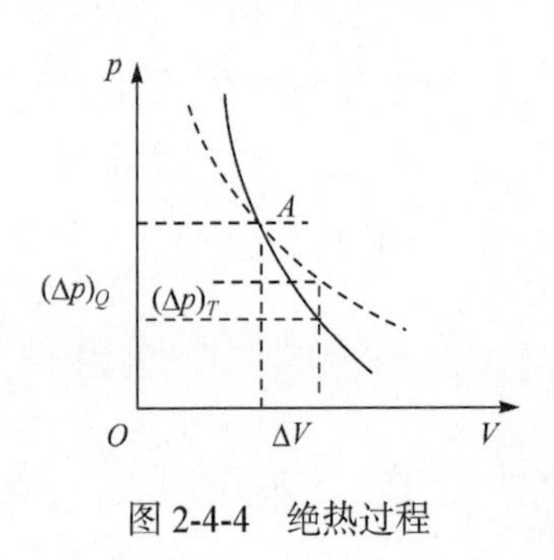

图2-4-4　绝热过程

例2.9　分别通过下列过程把标准条件下0.14kg的氮气压缩为原来体积的一半：(1) 等温过程；(2) 绝热过程；(3) 等压过程。试求出在这些过程中气体热能的改变、传递的热量和外界对气体所做的功。设氮气可看作理想气体且$C_{V,m} = \dfrac{5}{2}R$。

解　(1) 等温过程，因为热能仅仅是温度

的函数，所以$\Delta U = 0$。

气体对外界放出的热量等于外界对气体做功：

$$\Delta Q = -A = -\int_{V_1}^{V_2} p\mathrm{d}V = \int_{V_1}^{V_2} \frac{sRT}{V}\mathrm{d}V = -sRT\ln\frac{1}{2}$$

$$= \frac{0.14\times10^3}{28}\times8.31\times273.15\times\ln2 \approx 7831\mathrm{J}$$

(2) 绝热过程，传递热量为 0。

热能增加等于外界对气体做的功：

$$\Delta U = A = -\int p\mathrm{d}V = \frac{sR}{\gamma-1}(T_2 - T_1)$$

由绝热方程$TV^{\gamma-1} = C$，得

$$\frac{T_2}{T_1} = \left(\frac{V_1}{V_2}\right)^{\gamma-1} = 2^{\gamma-1}$$

所以

$$T_2 = 2^{\gamma-1}T_1 = 2^{\frac{7}{5}-1}\times273.15 = 360.42\mathrm{K}$$

因此，

$$\Delta U = A = \frac{0.14\times10^3}{28}\times\frac{8.31}{\frac{7}{5}-1}\times(360.42-273.15) \approx 9065\mathrm{J}$$

(3) 等压过程，外界对气体做功。

$$A = -\int_{V_1}^{V_2} p\mathrm{d}V = \frac{1}{2}pV_1 = \frac{1}{2}\times\frac{0.14\times10^3}{28}\times8.31\times273.15 = 5674\mathrm{J}$$

由气态方程$\frac{V_2}{V_1} = \frac{T_2}{T_1}$，得

$$T_2 = \frac{V_2}{V_1}T_1 = \frac{1}{2}\times273.15 = 136.58\mathrm{K}$$

热能变化为

$$\Delta U = sC_{V,m}(T_2 - T_1) = \frac{0.14\times10^3}{28}\times\frac{5}{2}\times8.31\times(-136.58) = -14187\text{J}$$

由 $\Delta U = \Delta Q + A$，得

$$\Delta Q = -14187 - 5674 = -19861\text{J}$$

2.4.5 理想气体的卡诺循环

法国工程师卡诺在对蒸汽机做简化和抽象的基础上，设想理想气体在整个循环过程中仅与温度为 T_1 和 T_2 的两个热源接触。整个循环由两个可逆等温过程和两个可逆绝热过程组成。在 p-V 平面上，图 2-4-5 中的循环过程 1→2→3→4→1 即卡诺循环。分段热力学过程如下：

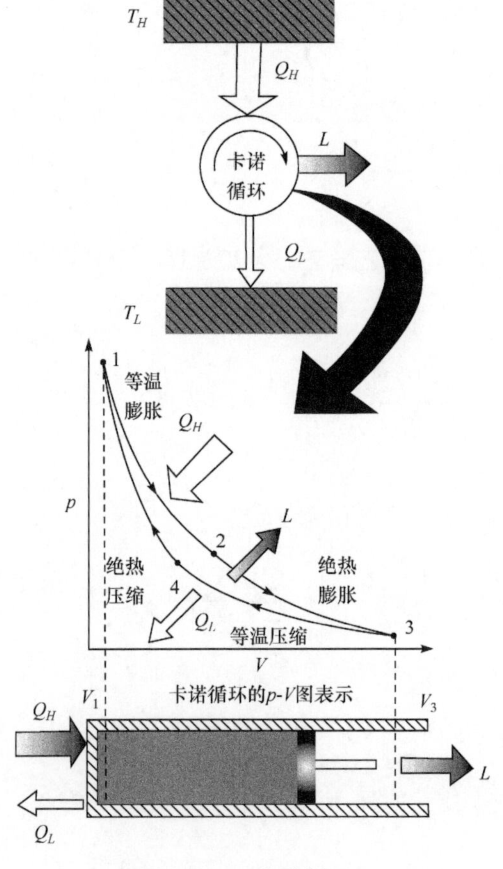

图 2-4-5　卡诺循环

(1) 高温热源的温度是 T_1。高温、高压蒸气(p_1,T_1)充入膨胀室(V_1)，即 1 点状态(p_1,T_1,V_1)。由 1 点气体做等温膨胀到达 $2(p_2,T_1,V_2)$。

(2) 由 $2(p_2,T_1,V_2)$状态出发，气体做绝热膨胀到达 $3(p_3,T_2,V_3)$，T_2 是低温热源的温度。气体在 $3(p_3,T_2,V_3)$点与低温热源接触。

(3) 气体在外界(如曲柄的惯性)推动下，被等温压缩至 $4(p_4,T_2,V_4)$。气体再做绝热压缩回到 $1(p_1,T_1,V_1)$。

(4) 图 2-4-5 中 $3(p_3,T_2,V_3)\to 4(p_4,T_2,V_4)\to 1(p_1,T_1,V_1)$过程替代了蒸汽机中由等温$(T_2)$排气至$(p_3,T_2,V_1)$点，再用高温高压气体$(p_1,T_1)$更换低温气体。

我们关心的是理想气体卡诺循环的效率。由 $1(p_1,T_1,V_1)$到 $2(p_2,T_1,V_2)$是等温过程，气体热能不变。由(2.4.7)式，理想气体从热源吸取热量应转化为对外做功：

$$Q_1 = A_1 = RT_1\ln\frac{V_2}{V_1}$$

由 $2(p_2,T_1,V_2)$到 $3(p_3,T_2,V_3)$是绝热过程不吸取热量。由 $3(p_3,T_2,V_3)$到 $4(p_4,T_2,V_4)$是等温压缩过程，传给低温热源的热量等于外界对气体做功：

$$Q_2 = A_2 = RT_2\ln\frac{V_3}{V_4}$$

由 $4(p_4,T_2,V_4)$到 $1(p_1,T_1,V_1)$，气体不传出热量。由热力学第一定律，理想气体对外总做功：

$$A = A_1 - A_2 = Q_1 - Q_2 = RT_1\left(1-\frac{T_2}{T_1}\right)\ln\frac{V_2}{V_1}$$

由绝热过程 2→3 及绝热过程 4→1，我们可以得到

$$\frac{V_2}{V_1}=\frac{V_3}{V_4}$$

由此得到效率

$$\eta_k = \frac{A}{Q_1} = 1-\frac{T_2}{T_1} \tag{2.4.11}$$

(2.4.11)式是热力学最重要的公式之一。任何热机必须工作在两热源($T_1>T_2$)之间，其效率不可能超出η_k。(2.4.11)式给出热机理论的上限值。

例 2.10　理想气体经历一卡诺循环，当热源温度为 100℃、冷源温度为 0℃时，净做功800J。今若维持冷却温度不变，提高热源温度，使净功增为1.60×10^3 J，则这时：(1)热源温度是多少？(2)效率增大到多少？设这两个循环都工作于相同的绝热线之间。

解　(1) 理想气体卡诺循环中气体对外做功：

$$A = sR\ln\frac{V_2}{V_1}(T_1 - T_2)$$

依题意，得

$$\frac{A'}{A} = \frac{T_1' - T_2}{T_1 - T_2}$$

所以

$$T_1' = \frac{A'}{A}(T_1 - T_2) + T_2 = \frac{1.60\times10^3}{800}\times(373.15 - 273.15) + 273.15 = 473.15\text{K}$$

所以热源温度为 473.15K。

(2) $\eta = 1 - \dfrac{T_2}{T_1} = 1 - \dfrac{273.15}{473.15} \approx 42.3\%$，即效率增大到 42.3%。

2.5　气体热机的基本原理

迄今绝大多数热机仍都是以气体为工作介质。若不考虑一些具体部件，气体热机是由数个气体热力学过程构成的循环过程，目的是实现将热量转化为功。人类首先发明并大规模使用的热机是蒸汽热机，其理想的气体热力学循环过程是卡诺循环。图 2-5-1 为蒸汽机的工作过程示意图，工作原理如图 2-5-2 所示，当滑动阀移动到图 2-5-2(a)的位置时，由进气口进入的高温高压蒸气与气缸的左边部分相连通，气缸的右边部分与排气口相连通，此时高温高压蒸气推动活塞向右运动，它对活塞做的功通过推杆传输到外部器件。当滑动阀移动到图 2-5-2(b)的位置时，由进气口进入的高温高压蒸气与气缸的右边部分相连通，气缸的左边部分与排气口相连通，此时高温高压蒸气推动活塞向左运动，它对活塞做的功通过推杆传输到外部器件。蒸汽机就是这样把热能转化为机械能、对外连续地输出功的。

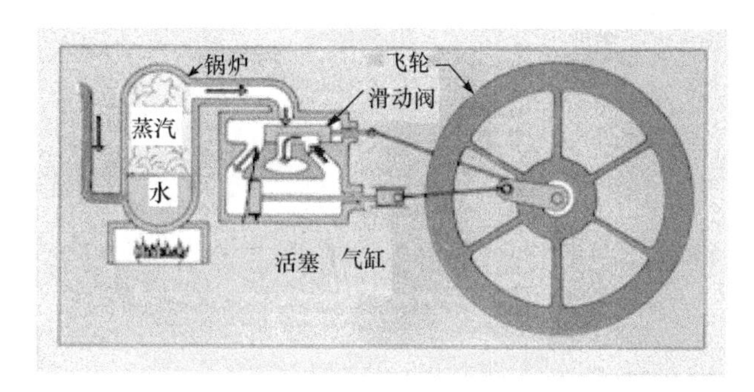

图 2-5-1　蒸汽机的工作过程示意图

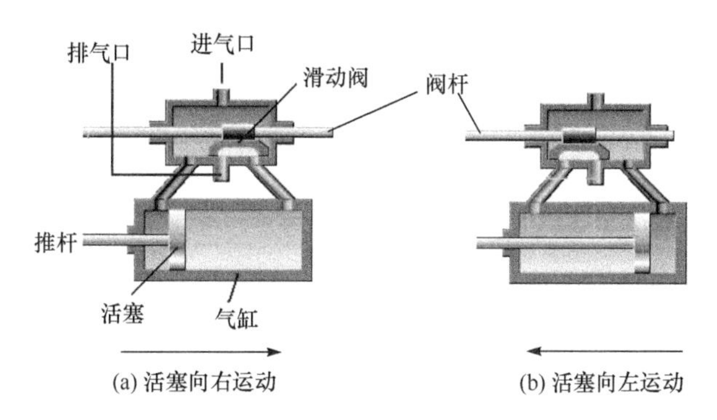

图 2-5-2　蒸汽机的工作原理图

图 2-5-3 给出了一个四冲程内燃机的工作原理示意图。在吸气过程中(见图 2-5-3(a)，进气口打开，出气口关闭)气缸内吸入汽油和空气的混合气体(工作物质)；在压缩过程中(见图 2-5-3(b)，做功；气口关闭，出气口关闭)活塞压缩混合气体使其温度升高，外界对工作物质做功；在工作程中(见图 2-5-3(c)，进气口关闭，出气口关闭)火花塞点火使混合气体爆炸，化学能转化为热能，混合气体变成高温高压的气体，它推动活塞给外界做功；在排气过程中(见图 2-5-3(d)，进气口关闭，出气口打开)排出气缸内的低温低压尾气，完成一个循环过程。然后进入下一个循环过程。因为在做功过程中，工作物质的温度和压强是非常高的，

所以给外界做了很多的功。在压缩过程中，气体的温度和压强是比较小的，因此外界给工作物质做了较少的功。在整个循环过程中，内燃机给外界输出了净功，它是从工作物质的热能转化而来的。

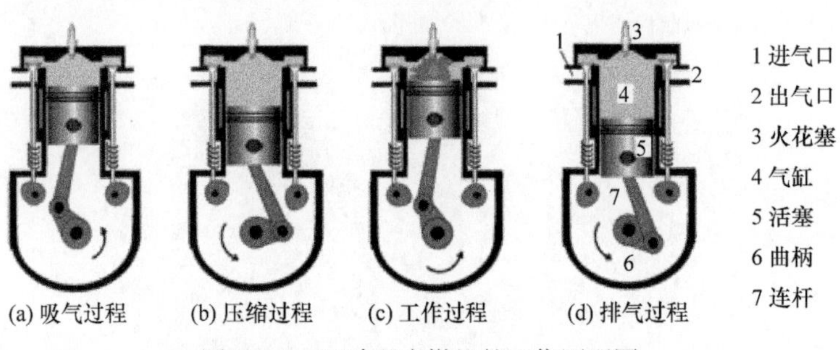

图 2-5-3 四冲程内燃机的工作原理图

2.5.1 与热机有关的典型气体热力学过程

在 2.4.4 节中，我们已经简单讲述了等容过程、等压过程、等温过程及绝热过程。热机涉及的是“多方过程”，即过程中

$$pV^n = 常数 \tag{2.5.1}$$

n 是“多方指数”。当 $n=1$ 时，为等温过程；当 $n=0$ 时，则是等压过程；实际的绝热过程(有一些漏热)可用多方过程$\gamma > n > 1$ 表示。

多方过程的摩尔热容量(多方过程中，1mol 物质温度升高 1 度所吸收的热量) C_n 可以以如下方式与摩尔定体热容量 C_V 相联系。由热力学第一定律 $\Delta U = \Delta Q + A$，有

$$C_V\,\mathrm{d}T = C_n\,\mathrm{d}T - p\,\mathrm{d}V, \quad p\,\mathrm{d}V + V\,\mathrm{d}p = R\,\mathrm{d}T$$

则

$$C_n = C_V - \frac{R}{n-1} \tag{2.5.2}$$

现在讨论多方过程中的能量转换。令 $pV^n = 常数 = a$。若气体由初始热力学状态(p_1,V_1,T_1)经多方过程过渡到末态(p_2,V_2,T_2)，气体对外界做功为

$$A = \int_{V_1}^{V_2} p\,\mathrm{d}V = a\left(\frac{V_2^{1-n}}{n-1} - \frac{V_1^{1-n}}{n-1}\right) = \frac{R}{n-1}(T_2 - T_1) \tag{2.5.3}$$

若 $T_2 > T_1$，气体对外界做正功。

2.5.2　热机循环

(1) 奥托循环

图 2-5-4 是四冲程内燃机的简化过程。态 $1(p_1,T_1,V_1)$是在体积 V_1 中吸入可燃性混合气体。由 $1(p_1,T_1,V_1)$绝热压缩至态 $2(p_2,T_2,V_2)$。在态 $2(p_2,T_2,V_2)$电点火瞬时引爆可燃性混合气(压强 p_2 突增至 p_3)至状态 $3(p_3,T_3,V_2)$。由态 $3(p_3,T_3,V_2)$至态 $4(p_4,T_4,V_1)$是绝热膨胀过程，对外做功。在 V_1 中重新充入可燃性混合气体，再回至状态 $1(p_1,T_1,V_1)$。奥托循环也是工作在高温热源(T_3)与低温热源(T_1)之间。与卡诺循环相比，其热源吸热(可燃气体燃烧)及放热过程都是等容过程(而非等温过程)。可以直接计算理想气体奥托循环的效率。

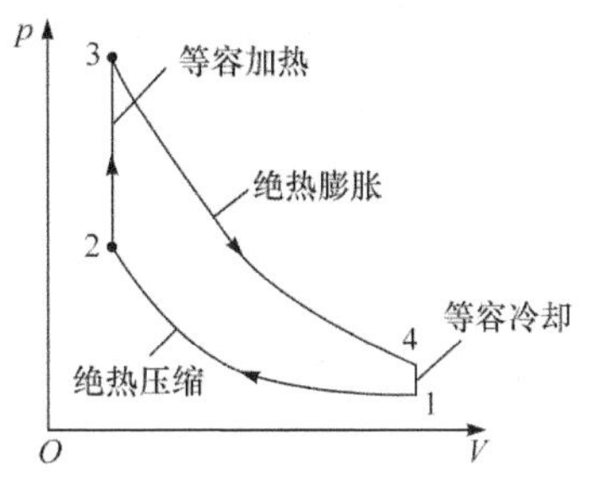

图 2-5-4　奥托循环

对 2→3 等容过程，气体自外界吸热$Q_1 = C_V(T_3 - T_2)$；对 4→1 等容过程，气体向外界放热$Q_2 = C_V(T_4 - T_1)$，可得到效率

$$\eta_o = 1 - \frac{Q_2}{Q_1} = 1 - \frac{T_4 - T_1}{T_3 - T_2}$$

再利用两个绝热过程关系，将温度与体积联系起来，得到

$$\frac{T_4 - T_1}{T_3 - T_2} = \left(\frac{V_2}{V_1}\right)^{\gamma-1}$$

引入压缩比$r = V_1/V_2$，则奥托循环的效率为

$$\eta_o = 1 - \frac{1}{r^{\gamma-1}} \tag{2.5.4}$$

其中压缩比$r = V_1/V_2$，$\gamma = C_p/C_V$。

(2) 狄塞尔循环

图 2-5-5 描述了四冲程柴油机基本过程。$2(p_2,T_2,V_2)\to 3(p_2,T_3,V_3)$是

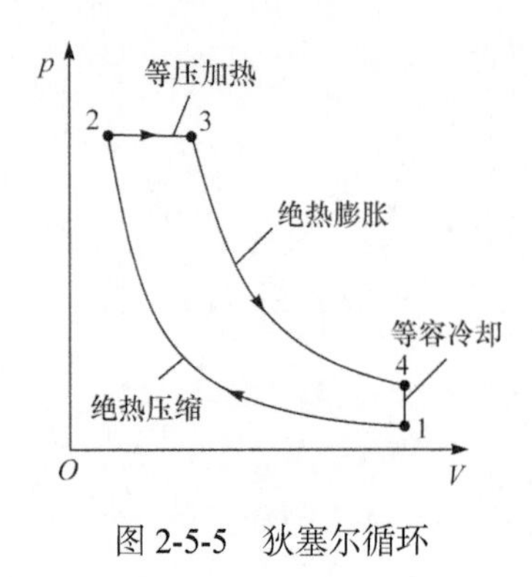

图 2-5-5　狄塞尔循环

等压膨胀过程，从外界吸热量 $Q_1 = C_p(T_3 - T_2)$，定压膨胀比 $\rho = V_3/V_2$；$3(p_2,T_3,V_3)\to 4(p_4,T_4,V_1)$是绝热膨胀过程，对外做功，绝热膨胀比 $\delta = V_1/V_3$；$4(p_4,T_4,V_1)\to 1(p_1,T_1,V_1)$是等容散热过程，系统向外放热 $Q_2 = C_V(T_4 - T_1)$；$1(p_1,T_1,V_1)\to 2(p_2,T_2,V_2)$是绝热过程，绝热压缩比 $\varepsilon = V_1/V_2$。

类似计算可得狄塞尔循环的效率为

$$\eta_d = 1 - \frac{1}{\gamma}\cdot\frac{1}{\varepsilon^{\gamma-1}}\cdot\frac{\rho^\gamma - 1}{\rho - 1} \tag{2.5.5}$$

我们看到，真正能够实现的热机必然要有两个热源：高温热源与低温热源，热量从高温热源传到低温热源，在这过程中部分热量可以通过气体热力学过程，转化为有用的机械能。一般说来，两热源温差愈大，热机效率愈高。

除卡诺循环以及上述两个常见热机循环过程外，典型的热机循环还有兰金循环、勃朗登循环、斯特林循环等。在所有热机循环中，工作介质都是由初始状态(在 p-V 图上为 p_1,T_1,V_1)出发，经历一系列状态变化后又回到初态。卡诺循环经历有等温压缩、绝热压缩、等温膨胀和绝热膨胀过程；奥托循环经历有绝热压缩、等容加热、绝热膨胀和等容冷却过程；狄塞尔循环经历有绝热压缩、等压加热、绝热膨胀和等容冷却过程。由此可见，所有热机循环均包括有绝热压缩和绝热膨胀过程。这是所有热机循环所必需的。另外，根据不同的机型可以设计其他不同的热力学过程，比如根据汽油机体积变化的限制，设置了等容加热和冷却过程。

思　考　题

2.1　理想气体微观分子图像的物理依据是什么？是否依赖气体的性质？

2.2　布朗运动是怎么产生的？涨落与系统中所含的粒子数之间有什么关系？

2.3　为什么说承认分子固有体积的存在也就是承认存在有分子间排斥力？

2.4　什么是分子有效直径？为什么它随温度升高而减小？

2.5　在建立温标的过程中，是否必须规定用来标志温度的物理量随温度做线性变化？

2.6　一定质量的气体，当温度保持恒定时，其压强随体积的减小而增大；当体积保持恒定时，其压强随温度的升高而增大。从宏观上讲，这两种变化同样使压强增大，从微观上讲，这两种使压强增大的过程有什么区别？

2.7　为什么温度不太高时的O_2，N_2，CO以及室温下的H_2等常见双原子分子理想气体，其摩尔热容量为$\frac{5}{2}R$，而不是$\frac{7}{2}R$？

2.8　能量均分定理中的能量是动能还是动能和势能的总和？每一个振动自由度对应的平均能量是多少？为什么？

2.9　理想气体内部压强与范德瓦耳斯气体内部压强是否相等？产生这两种内部压强的原因是否相同？

2.10　理想气体卡诺循环效率公式(2.4.11)对非理想气体的可逆卡诺循环成立吗？

习　　题

2.1　试估算水分子质量、水分子直径、标准条件下纯水中分子数密度以及分子斥力作用半径的数量级。

2.2　有一瓶质量为 M 的氢气(视作刚性双原子分子的理想气体)，温度为 T，则氢分子的平均平动动能为多少？氢分子的平均动能为多少？该瓶氢气的热能多少？

2.3　在温度为 127℃时，1mol 氧气(其分子可视为刚性分子)的热能为多少？其中分子转动的总动能为多少？(普适气体常量 $R = 8.31\text{J/(mol}\cdot\text{K)}$)

2.4 要使一根钢棒在任何温度下都要比另一根铜棒长 5cm，试问它们在 0℃时的长度 l_{01} 和 l_{02} 分别是多少？(已知钢棒及铜棒的线膨胀系数分别为 $\alpha_1 = 1.2\times10^{-5}\text{K}^{-1}$，$\alpha_2 = 1.6\times10^{-5}\text{K}^{-1}$)

2.5 一个双金属片是由线膨胀系数为 α_1 和 α_2 的两个金属片组成。两金属片的厚度均为 d，在温度 T_0 时长度均为 l_0。当温度改变 ΔT 时，它们可以共同弯曲，呈圆弧状，求此弧的曲率半径 R。

2.6 设有一个定容气体温度计是按摄氏温标刻度的，它在冰点和沸点时，其中气体的压强分别为 0.400atm 和 0.546atm。试问：当气体的压强为 0.100atm 时，待测温度是多少？

2.7 一粒陨石微粒与宇宙飞船相撞，在飞船上刺出了一个直径为 $2\times10^{-4}\text{m}$ 的小孔，若在宇宙飞船内的空气仍维持一个标准大气压和室温条件，试问空气分子漏出的速率是多少？

2.8 求常温下质量 $m_1 = 3.00\text{g}$ 的水蒸气与 $m_2 = 3.00\text{g}$ 的氢气组成的混合理想气体的摩尔定体热容量。

2.9 容积 $V = 1\text{m}^3$ 的容器内混有 $N_1 = 1.0\times10^{25}$ 个氢气分子和 $N_2 = 4.0\times10^{25}$ 个氧气分子，混合气体的温度为 400K，求：

(1) 气体分子的平动动能总和；

(2) 混合气体的压强。(普适气体常量 $R = 8.31\text{J/(mol}\cdot\text{K)}$)

2.10 在压强为 20atm、体积为 820cm^3 的 $2\times10^{-3}\text{kg}$ 的氮气的温度是多少？试分别按范德瓦耳斯气体和理想气体计算。已知氮气的范德瓦耳斯常数 $a = 1.390\times10^{-1}\text{m}^6\cdot\text{Pa/mol}^2$，$b = 39.1\times10^{-6}\text{m}^3/\text{mol}$。

2.11 一理想气体做准静态绝热膨胀，在任一瞬间压强满足 $pV^\gamma = K$，其中 γ 和 K 都是常数，试求由 (p_i, V_i) 到 (p_f, V_f) 状态的过程中所做的功。

2.12 在原子弹爆炸后 0.1s 所出现的“火球”是半径约为 15m、温度为 300000K 的气体球，试作一些粗略假设，估计温度变为 3000K 时气体球的半径。

2.13　如图所示，C 是固定的绝热隔板，D 是可动活塞，C，D 将容器分成 A，B 两部分。开始时 A，B 两室中各装入同种类的理想气体，它们的温度 T、体积 V、压强 p 均相同，并与大气压强相平衡。现对 A，B 两部分气体缓慢地加热，当对 A 和 B 给予相等的热量 Q 以后，A 室中气体的温度升高度数与 B 室中气体的温度升高度数之比为 7 : 5。

(1) 求该气体的摩尔定体热容量 C_V 和摩定压尔热容量 C_p；

(2) B 室中气体吸收的热量有百分之几用于对外做功？

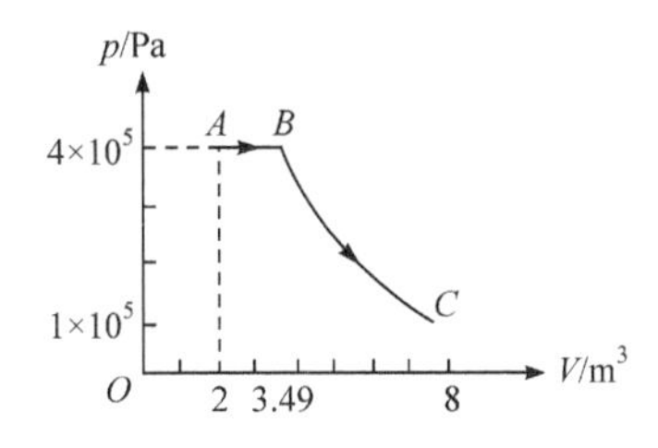

2.14　如图所示，一定量的单原子分子理想气体，从 A 态出发经等压过程膨胀到 B 态，又经绝热过程膨胀到 C 态，如图所示。试求这全过程中气体对外所做的功，热能的增量以及吸收的热量。

2.15　一定量的某单原子分子理想气体装在封闭的气缸里．此气缸有可活动的活塞(活塞与气缸壁之间无摩擦且无漏气)。已知气体的初始压强 p_1=1atm，体积 V_1=1L，现将该气体在等压下加热直到体积为原来的 2 倍，然后在等体积下加热直到压强为原来的 2 倍，最后做绝热膨胀，直到温度下降到初温为止，

(1) 在 p-V 图上将整个过程表示出来；

(2) 试求在整个过程中气体热能的改变；

(3) 试求在整个过程中气体所吸收的热量；$(1\text{atm} = 1.013 \times 10^5\text{Pa})$

(4) 试求在整个过程中气体所做的功。

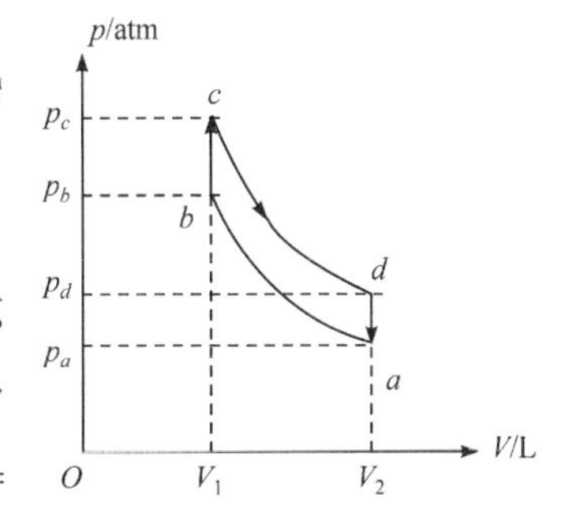

2.16　1mol 氦气做如图所示的可逆循环过程，其中 ab 和 cd 是绝热过程，bc 和 da 为等体过程，已知 $V_1 = 16.4\text{L}$，$V_2 = 32.8\text{L}$，$p_a = 1\text{atm}$，$p_b = 3.18\text{atm}$，$p_c = 4\text{atm}$，$p_d = 1.26\text{atm}$，试求：

(1) 在各态氦气的温度；

(2) 在各态氦气的热能；

(3) 在一循环过程中氦气所做的净功。

($1\text{atm} = 1.013 \times 10^5\text{Pa}$，普适气体常量 $R = 8.31\text{J/(mol} \cdot \text{K)}$)

2.17 一卡诺热机(可逆的)，当高温热源的温度为 127℃、低温热源温度为 27℃时，其每次循环对外做净功 8000J。今维持低温热源的温度不变，提高高温热源温度，使其每次循环对外做净功 10000J。若两个卡诺循环都工作在相同的两条绝热线之间，试求：

(1) 第二个循环的热机效率；

(2) 第二个循环的高温热源的温度。

2.18 已知范德瓦耳斯气体状态方程为$\left(p+\dfrac{a}{V_m^2}\right)(V_m - b) = RT$，其内能为$U_m = cT - \dfrac{a}{V_m} + d$，其中$a,b,c,d$均为常数。试求：

(1) 该气体从V_1等温膨胀到V_2时所做的功；

(2) 该气体在等体下温度升高ΔT所吸收的热量。

2.19 估计一部典型的汽车发动机的实际效率，已知燃烧汽油分子(C_8H_{18})产生 57eV 的能量，发动机功率为 6kW，它每 20 分钟燃烧 1L 汽油，1L 汽油质量为 0.7kg，试求此热机的效率。

2.20 理想气体经历一卡诺循环，当热源温度为 100℃、冷源温度为 0℃时，净做功 800J，今若维持冷却温度不变，提高热源温度，使净功增为$1.60 \times 10^3\text{J}$，则这时，

(1) 热源温度是多少；

(2) 效率增大到多少？

(设这两个循环都工作于相同的绝热线之间)

第 3 章　气体的热力学非平衡过程

我们知道，宏观物体(如一升气体或液体，一块固体等)都是由大量分子构成，物体整体的机械能是物体(即所有构成分子)整体运动的动能和位能(又称势能)。从分子角度看，物体的机械能是分子系统整体有序一致运动的总能量。气体的热能是所有气体分子无规运动(扣除有序运动)机械能的总和，例如，一个静止刚性容器中气体所有分子机械能(动能和势能)的总和就是气体的热能。在前面的讨论中，包括热力学第一定律，只涉及热能是分子运动机械能总和这一特性。在这方面热能和物体机械能并无原则的区别，热量和功可以相互转换，但总能量守恒。我们现在要讨论热能的另一基本特性，即大量分子(10^{23}个左右)的无序运动。正是这一特性，决定了热能是一类具有独特性质的能量，使得热力学成为一门独立的物理学科，并具有独特的基本规律——热力学第二定律。

其实，热力学真正涉及的状态只有两类。一类是均匀的热力学平衡态，具有空间均匀的热力学参数。只在外界条件变化时，热力学状态才改变。这是我们上章讨论的问题。另一类是“热力学局域平衡态”。气体的每一小部分都是热力学平衡态，但不同部分的热力学平衡态不同，也就是说，热力学参数是空间不均匀的。尽管外界条件不发生变化，系统状态仍有可能发生变化，如接触但温度或压力不同的两部分气体，或气体中温度由一侧连续降至另一侧。只有处于热力学局域平衡态，系统状态才会自动变化。例如，两个不同温度热源，中间是某种气体，则热量从高温侧自动传向低温侧。热力学局域平衡态的变化，是人们在自然界看到的主要非平衡过程，如热传导、扩散和粘滞过程等。热力学对非平衡过程的讨论是热力学中的重要内容。非平衡热力学更强调局域平衡态的变化。

人们早就知道，只要涉及热能，系统非平衡变化过程就具有一定特殊的指向，例如：热量只能从系统的高温部分传向低温部分；气体只能从系统高密度部分转移扩散到低密度部分；功可以完全转化为热量，但热量却不能全部转化为功；等等。这种定向、不可逆的变化是与热能的“无序特性”密切联系的。作为一门科学，当然首先要研究如何定量描述和度量系统热力学状态的无序性，并进而讨论这种无序度与系统一些重要特性的联系。应该说，这应该是热力学的主要内容。对热力学基础的研究持续了上百年，很多知识至今仍对人们设计热机的基本过程以及研究如何提高热机效率起重要作用。本章将集中介绍如何用“熵”来度量气体热能的无序性和热力学第二定律及热机的基本过程。由于理想气体比较简单，过程的物理图像比较请晰，通过对其过程的分析，将有助于提高初学者对物理学这部分比较困难内容的直观理解，并建立正确的物理图像。

3.1 局域平衡态、热力学第二定律的含义

热力学是研究能量及其转换规律的科学，也是研究由大量粒子(或单元)组成的宏观体系变化和发展规律的科学。它除了可以描述整体平衡态，还可以描述局域平衡态。整体平衡态，即均匀系统的平衡态，由外界条件唯一确定，并随外界条件变化而发生改变。系统平衡态的变化遵从状态方程，变化过程满足热力学第一定律。局域平衡态，从统计学的角度看是10^{-9}s (一个人们无法感知的时间尺度)后系统所处的状态。尽管从微观上讲，系统从初态到局域平衡态的演化遵从一定的统计规律，但是宏观上这么短暂的时间间隔却是无法测量的。局域平衡态是可以自动演化的，即内过程。局域平衡态向平衡态的演化的时间尺度大约是10^{-4}s 或更长。这有可能是一个宏观可测的时间尺度，也就是说，宏观上只能看到局域平衡态的变化。如何描述局域平衡态的演化将是非平衡态热力学的主要内容。而所有包含热能在内的内过程都是有方向的。我们知道，热能除了具有能量特性外，另一特性是具有大量分子的无规则

运动。事实上，把热能转化为机械能的热机就是使系统从一个局域平衡态达到另一局域平衡态的机器。孤立看，两个热源都是平衡态，整体上看则是局域平衡态。因此，对局域平衡态的讨论非常关键。

热力学第二定律指出，无法用宏观手段将分子无规则运动完全转化为有序运动。如何从热力学角度度量这种无序性以及这种无序性与物体各种热力学过程的关系是热力学第二定律的含义。严格意义讲，热力学第二定律是非平衡态热力学的基础。

3.2　分布函数

3.2.1　理想气体速度分布函数

考虑总分子数为 N 的均匀理想气体。气体的宏观状态是由参数——体积 V、温度 T 及压强 p 来描述。从分子角度描述气体状态却极其复杂。每个分子的运动状态由 6 个参数：坐标矢量 x 及速度矢量 v 描述，即 6 维相空间 (x,v) 中的一个点。N 个分子的运动状态应由 $6N$ 个参数 $(x_1,v_1,\cdots,x_N,v_N)$ 描述，即 $6N$ 维相空间的一个点。这是气体的微观运动状态。考虑到分子运动非常快(通常速度达每秒几百米以上)，分子总数 N 又那么大，我们根本无法确定某一瞬间的微观运动状态。即使在将来能测得微观运动状态的 $6N$ 个数，我们也无法将它们与气体的真实的宏观表现联系起来。因此必须引入一种中间性的描述方式，该描述既能考虑分子的极大数量及其运动的特点，又比较容易地与气体宏观表现相联系。分子分布函数是近一百多年来最多被应用的方法。

下设 v 是速度矢量，它包含三个分量 (v_x,v_y,v_z)。若 t 时刻，在分子速度的三维空间 (v_x,v_y,v_z) 中，在速度 v 附近很小的速度体积元 $\mathrm{d}v=\mathrm{d}v_x\mathrm{d}v_y\mathrm{d}v_z$ 内有 $\mathrm{d}N(v)$ 个分子，则定义速度分布函数为

$$f(v,t)=\frac{\mathrm{d}N(v)}{N\mathrm{d}v} \tag{3.2.1}$$

即 t 时刻，平衡态理想气体中分子热运动速度出现在 v 附近单位速度间

隔内的概率。由于 N 充分大，在任何时刻速度 v 附近 $\mathrm{d}v$ 内都可能存在一定数量的分子，$f(v,t)$ 是 v 的连续函数，又称为理想气体的概率密度函数或者理想气体的分子速度分布函数。显然 $f(v,t)$ 应满足归一条件：

$$\int_0^\infty f(v,t)\mathrm{d}v = \int_0^\infty \mathrm{d}v_x \int_0^\infty \mathrm{d}v_y \int_0^\infty \mathrm{d}v_z f(v,t) = 1 \tag{3.2.2}$$

积分是对三维全 v 空间。任何一个满足上述归一化条件的连续函数 $f(v,t)$ 都可看成是气体 t 时刻的一个状态，它包含了充分多气体的微观运动状态。不同的微观运动状态可能对应相同的分布函数，例如，第 1 个分子速度 v_1 和第 2 个分子速度 v_2 的分子微观运动状态与第 1 个分子速度 v_2 和第 2 个分子速度 v_1 的微观状态属于同一 $f(v,t)$。但是，不同的分布函数包含的微观状态数也不相同，差别可以很大。一般一个分子速度分布函数 $f(v,t)$ 所对应的气体状态也不是我们前面已经定义的气体热力学(宏观)状态。

由分子速度分布函数，很容易计算气体分子的平均速度

$$\overline{v} = \int_0^\infty v f(v,t)\mathrm{d}v \tag{3.2.3}$$

也可以计算气体分子在某一方向上的平均平动动能

$$\overline{\varepsilon}_{kx} = \frac{1}{2}m\int_0^\infty v_x^2 f(v,t)\mathrm{d}v \tag{3.2.4}$$

式中 m 是分子质量。如果是能量均分状态，$f(v,t)$ 只是 $v^2 = v_x^2 + v_y^2 + v_z^2$ 的函数，且速度三个分量的分布也是彼此独立的，则

$$\overline{\varepsilon}_{kx} = \frac{1}{2}k_B T\,, \quad U = 3N\overline{\varepsilon}_{kx}$$

这里 T 是气体温度，U 是气体热能。由于每个具有同样确定热能的气体微观运动状态都有同样的存在机会，因此可以认为，在所有具有同样总能量的分子速度分布函数中，包含气体微观运动状态愈多的分子速度分布函数，其无序度愈大，也愈容易实现。考虑到分子总数 N 极大，无序度最大的分子速度分布函数 $f_m(v,t)$ 所包含的微观状态数目会远大于其他同类(具有同样总能量)分子速度分布函数所包含的微观状态数。再

考虑到气体分子快速运动及大量碰撞，不论气体原来的分子速度分布函数如何，气体将很快达到具有 $f_m(v,t)$ 的状态，并不再进一步变化。其实这种趋向 $f_m(v,t)$ 的过程与我们上一章中讨论能量均分过程是一致的。$f_m(v,t)$ 就是平衡态的分子速度分布函数。

3.2.2　平衡态分布函数——麦克斯韦速度分布

假设由 N(N 很大)个相同分子组成的宏观理想气体系统处于平衡状态。因为平衡状态下 N 个分子热运动的情况完全混乱无序，所以理想气体中沿各个方向分子热运动的情况相同。1859 年，英国杰出物理学家麦克斯韦根据平衡态理想气体分子热运动完全混乱无序这一特征，首先得到了平衡态理想气体的分子速度分布函数，后被人称为麦克斯韦速度分布。麦克斯韦认为，在平衡状态下分子速度任一分量的分布与其他分量的分布无关，即速度三个分量的分布是彼此独立的，并且 v_x，v_y，v_z 的分布规律应该是相同的。也就是说，平衡态理想气体的速度分布函数

$$f(v_x,v_y,v_z)=f(v_x)f(v_y)f(v_z) \tag{3.2.5}$$

除此之外，速度的分布应该是各向同性的，即分子速度分布函数不应与速度的方向有关，只是 $v^2=v_x^2+v_y^2+v_z^2$ 的函数，即

$$f(v_x,v_y,v_z)=f(v_x^2+v_y^2+v_z^2)=f(v^2) \tag{3.2.6}$$

因此，

$$\frac{\partial f(v^2)}{\partial v_x}=\frac{\mathrm{d}f(v^2)}{\mathrm{d}v^2}\cdot\frac{\partial v^2}{\partial v_x}=2v_x\frac{\mathrm{d}f(v^2)}{\mathrm{d}v^2}=\frac{\mathrm{d}f(v_x)}{\mathrm{d}v_x}f(v_y)f(v_z)$$

整理上式，得

$$\frac{\mathrm{d}f(v^2)}{\mathrm{d}v^2}=\frac{\mathrm{d}f(v_x)}{\mathrm{d}v_x^2}f(v_y)f(v_z)$$

两边同除以 $f(v^2)=f(v_x)f(v_y)f(v_z)$，得

$$\frac{1}{f(v^2)}\cdot\frac{\mathrm{d}f(v^2)}{\mathrm{d}v^2}=\frac{1}{f(v_x)}\cdot\frac{\mathrm{d}f(v_x)}{\mathrm{d}v_x^2} \tag{3.2.7}$$

(3.2.7)式等号左边是$v^2 = v_x^2 + v_y^2 + v_z^2$的函数，而右边是$v_x$的函数。该关系对所有$v_x, v_y, v_z$均成立。因此，等式两边只能等于一个与$v^2 = v_x^2 + v_y^2 + v_z^2$和$v_x, v_y, v_z$无关的常数。设此常数为$-\beta$，则(3.2.7)式可写成

$$\frac{1}{f(v^2)} \cdot \frac{\mathrm{d}f(v^2)}{\mathrm{d}v^2} = \frac{1}{f(v_x)} \cdot \frac{\mathrm{d}f(v_x)}{\mathrm{d}v_x^2} = -\beta$$

即

$$\frac{\mathrm{d}f(v_x)}{f(v_x)} = -\beta \mathrm{d}v_x^2$$

两边积分，得

$$f(v_x) = C_1 e^{-\beta v_x^2} \tag{3.2.8}$$

其中C_1是积分常数。因为$f(v_x)$，$f(v_y)$和$f(v_z)$形式相同，所以麦克斯韦速度分布函数可写为

$$f(v) = f(v_x, v_y, v_z) = Ce^{-\beta(v_x^2 + v_y^2 + v_z^2)}, \tag{3.2.9}$$

其中C为积分常数。由于概率密度分布函数满足归一化条件，即

$$\int_{-\infty}^{\infty}\int_{-\infty}^{\infty}\int_{-\infty}^{\infty} Ce^{-\beta(v_x^2+v_y^2+v_z^2)} \mathrm{d}v_x \mathrm{d}v_y \mathrm{d}v_z = C\int_{-\infty}^{\infty} e^{-\beta v_x^2} \mathrm{d}v_x \int_{-\infty}^{\infty} e^{-\beta v_y^2} \mathrm{d}v_y \int_{-\infty}^{\infty} e^{-\beta v_z^2} \mathrm{d}v_z = 1$$

由积分公式$\int_0^{\infty} e^{-\lambda x^2} \mathrm{d}x = \frac{1}{2}\sqrt{\frac{\pi}{\lambda}}$，可知

$$\int_{-\infty}^{\infty} e^{-\beta v_x^2} \mathrm{d}v_x = 2\int_0^{\infty} e^{-\beta v_x^2} \mathrm{d}v_x = \sqrt{\frac{\pi}{\beta}}$$

因此，由归一化条件可得

$$C = \left(\frac{\beta}{\pi}\right)^{3/2}$$

所以，麦克斯韦速度分布函数(3.2.9)可写为

$$f(v_x, v_y, v_z) = \left(\frac{\beta}{\pi}\right)^{3/2} e^{-\beta v^2} \tag{3.2.10}$$

常数 β 可由理想气体分子的平均动能 $\overline{\varepsilon}_k = \frac{3}{2}k_B T$ 确定，即

$$\overline{\varepsilon}_k = \frac{1}{2}m\overline{v^2} = \int_{-\infty}^{\infty}\int_{-\infty}^{\infty}\int_{-\infty}^{\infty}\frac{1}{2}m(v_x^2+v_y^2+v_z^2)f(v_x,v_y,v_z)\mathrm{d}v_x\mathrm{d}v_y\mathrm{d}v_z$$
$$= \frac{1}{2}m\left(\frac{\beta}{\pi}\right)^{3/2}\int_{-\infty}^{\infty}\int_{-\infty}^{\infty}\int_{-\infty}^{\infty}(v_x^2+v_y^2+v_z^2)e^{-\beta(v_x^2+v_y^2+v_z^2)}\mathrm{d}v_x\mathrm{d}v_y\mathrm{d}v_z = \frac{3}{2}k_B T$$

由此可得

$$\beta = \frac{m}{2k_B T}$$

这里用到了积分

$$\left(\frac{\beta}{\pi}\right)^{1/2}\int_{-\infty}^{\infty}e^{-\beta v_y^2}\mathrm{d}v_y = 1 \quad 和 \quad \left(\frac{\beta}{\pi}\right)^{1/2}\int_{-\infty}^{\infty}v_x^2 e^{-\beta v_x^2}\mathrm{d}v_x = \frac{1}{2\beta}$$

因此，麦克斯韦速度分布函数为

$$f(v_x,v_y,v_z) = \left(\frac{m}{2\pi k_B T}\right)^{3/2} e^{-\frac{m(v_x^2+v_y^2+v_z^2)}{2k_B T}} = \left(\frac{m}{2\pi k_B T}\right)^{3/2} e^{-\frac{mv^2}{2k_B T}} \tag{3.2.11}$$

如果温度为 T 的平衡态理想气体的体积为 V，由(3.2.11)式可得分子速度在 $v+\mathrm{d}v$ 范围内的分子数密度 $n(v+\mathrm{d}v)$ 为

$$n(v \sim v+\mathrm{d}v) = \frac{\mathrm{d}N}{V} = \frac{N}{V}\left(\frac{m}{2\pi k_B T}\right)^{3/2} e^{-\frac{m(v_x^2+v_y^2+v_z^2)}{2k_B T}}\mathrm{d}v_x\mathrm{d}v_y\mathrm{d}v_z$$
$$= n\left(\frac{m}{2\pi k_B T}\right)^{3/2} e^{-\frac{m(v_x^2+v_y^2+v_z^2)}{2k_B T}}\mathrm{d}v_x\mathrm{d}v_y\mathrm{d}v_z \tag{3.2.12}$$

其中 $n = \frac{N}{V}$ 为气体总的分子数密度。

$$n(v_x,v_y,v_z) = \frac{n(v \sim v+\mathrm{d}v)}{\mathrm{d}v} = n\left(\frac{m}{2\pi k_B T}\right)^{3/2} e^{-\frac{m(v_x^2+v_y^2+v_z^2)}{2k_B T}} \tag{3.2.13}$$

为气体单位体积内分子速度在 $v(v_x,v_y,v_z)$ 附近单位速度间隔内的分子数，即分子速度在 $v(v_x,v_y,v_z)$ 附近单位速度间隔内的分子数密度。

$n(v_x,v_y,v_z)$给出了分子数密度随速度变化的分布函数。由(3.2.12)式很容易得出

$$\int_{\text{整个}v\text{空间}} n(v \sim v+\mathrm{d}v)\mathrm{d}v = \int_{\text{整个}v\text{空间}} nf(v)\mathrm{d}v = n \tag{3.2.14}$$

这里利用了分布函数的归一化条件

$$\int_{\text{整个}v\text{空间}} f(v)\mathrm{d}v = 1$$

由(3.2.11)式给出的速度分布函数是平衡态理想气体分子热运动速度出现在速度v附近单位速度间隔内的概率。如果采用球坐标表示，速度空间体积元$\mathrm{d}v = v^2\sin\theta \mathrm{d}v\mathrm{d}\theta\mathrm{d}\varphi$，则$v(v,\theta,\varphi)$附近$f(v)\mathrm{d}v$用速度空间的球坐标表示为

$$f(v)\mathrm{d}v = f(v,\theta,\varphi)v^2\sin\theta\mathrm{d}v\mathrm{d}\theta\mathrm{d}\varphi = \left(\frac{m}{2\pi k_B T}\right)^{3/2} e^{-\frac{mv^2}{2k_B T}} v^2\sin\theta\mathrm{d}v\mathrm{d}\theta\mathrm{d}\varphi \tag{3.2.15}$$

(3.2.15)式给出了平衡态理想气体中分子热运动速度在速度空间的$v \sim v+\mathrm{d}v, \theta \sim \theta+\mathrm{d}\theta, \varphi \sim \varphi+\mathrm{d}\varphi$体积元内的概率。如果对速度方向积分，即对速度的方位角θ,φ在全部空间方向范围积分，得

$$\begin{aligned} f(v)\mathrm{d}v &= \left(\frac{m}{2\pi k_B T}\right)^{3/2} e^{-\frac{mv^2}{2k_B T}} v^2\mathrm{d}v\int_0^{\pi}\sin\theta\mathrm{d}\theta\int_0^{2\pi}\mathrm{d}\varphi \\ &= 4\pi\left(\frac{m}{2\pi k_B T}\right)^{3/2} e^{-\frac{mv^2}{2k_B T}} v^2\mathrm{d}v \end{aligned} \tag{3.2.16}$$

(3.2.16)式表示平衡态理想气体中分子热运动速度大小在$v \sim v+\mathrm{d}v$范围内的概率。函数

$$f(v) = 4\pi\left(\frac{m}{2\pi k_B T}\right)^{3/2} e^{-\frac{mv^2}{2k_B T}} v^2 \tag{3.2.17}$$

是分子热运动速率在v附近单位速率间隔内的概率，或者称为平衡态理

想气体中分子热运动速率的概率密度分布函数，也称为麦克斯韦速率分布函数。

从(3.2.17)式可以看出，平衡态理想气体中分子热运动速率太大或太小出现的概率都很小，因为 v 太小时，$f(v)$ 中 v^2 太小，而 v 太大时，$f(v)$ 中 $e^{-\frac{mv^2}{2k_BT}}$ 太小。速率分布函数对应的曲线如图 3-2-1 所示，曲线极大值对应的速率称为最概然速率 v_p。它可以由

$$\frac{\mathrm{d}f(v)}{\mathrm{d}v}=4\pi\left(\frac{m}{2\pi k_BT}\right)^{3/2}\left(2ve^{-\frac{mv^2}{2k_BT}}-v^2\frac{m}{k_BT}ve^{-\frac{mv^2}{2k_BT}}\right)$$
$$=0$$

求出，

$$v_p=\sqrt{\frac{2k_BT}{m}}=\sqrt{\frac{2RT}{\mu}} \tag{3.2.18}$$

其中 R 为气体普适常量，$\mu=N_Am$ 为气体的摩尔质量。除了最概然速率 v_p，平衡态理想气体热运动的平均快慢还可以用平均速率 $\overline{v}$：

$$\overline{v}=\sqrt{\frac{8k_BT}{\pi m}} \tag{3.2.19}$$

和方均根速率 $\sqrt{\overline{v^2}}$：

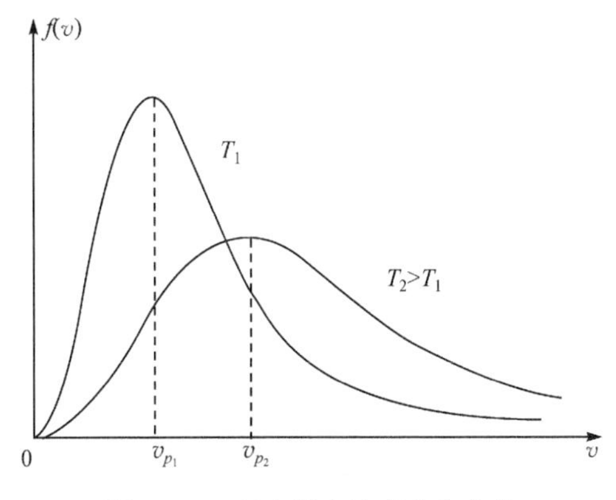

图 3-2-1　麦克斯韦速率分布曲线

$$\sqrt{\overline{v^2}} = \sqrt{\frac{3k_B T}{m}} \tag{3.2.20}$$

表述。其中，$v_p : \overline{v} : \sqrt{\overline{v^2}} = \sqrt{2} : \sqrt{\frac{8}{\pi}} : \sqrt{3}$。

值得指出的是，由于 N 充分大，若分布函数稍微偏离麦克斯韦分布，其所包含的气体微观状态数将急剧下降。正如前面分析，不论气体初始分布函数是什么，由于大量分子碰撞，在很短时间内分布函数即逼近麦克斯韦分布。在标准条件下，气体逼近的时间约为 10^{-9}s。考虑到宏观热力学时间尺度，在一般情况下，宏观观测到的气体状态分布都是麦克斯韦速度分布，或者说，麦克斯韦速度分布就是气体热力学状态(用宏观参数 T，p，V 描述)的分布函数，从热力学的角度，均匀气体的热力学状态只对应麦克斯韦速度分布。气体分子的平均动能就是$\frac{3}{2}k_B T$。这与我们在上一章中有关能量均分态的分析是一致的。

例 3.1　试求氮分子及氢分子在标准条件下的平均速率。

解　因为平均速率为

$$\overline{v} = \int_0^\infty v f(v)\mathrm{d}v = \int_0^\infty 4\pi \cdot \left(\frac{m}{2\pi kT}\right)^{3/2} v^3 \exp\left(-\frac{mv^2}{2kT}\right)\mathrm{d}v = \sqrt{\frac{8RT}{\pi M_m}}$$

所以

$$\overline{v}_{\mathrm{N_2}} = \sqrt{\frac{8\times 8.31\times 273.15}{3.14\times 2.8\times 10^{-2}}} \approx 450\mathrm{m/s}$$

$$\overline{v}_{\mathrm{H_2}} = \sqrt{\frac{8\times 8.31\times 273.15}{3.14\times 2\times 10^{-3}}} \approx 1700\mathrm{m/s}$$

例 3.2　试求 0℃，10^5Pa 下，1cm^{3}氮气中速率在500m/s 到501m/s 之间的分子数。

解　由 $P = nk_B T$，得分子数密度为

$$n = \frac{p}{k_B T} = \frac{10^5}{1.38\times 10^{-23}\times 273.15} \approx 2.65\times 10^{25}\text{个}/\mathrm{m}^3$$

所以，1cm^3里含有分子数

$$N = nV = 2.65\times10^{25}\times10^{-6} = 2.65\times10^{19}\text{个}$$

因此，氮气中速率在500m/s到501m/s之间的分子数为

$$\Delta N = N\times f(v)\Delta v = N\times4\pi\times\left(\frac{m}{2\pi k_B T}\right)^{\frac{3}{2}}\exp\left(-\frac{mv^2}{2k_B T}\right)v^2\Delta v$$

$$= 4\pi N\times\left(\frac{M_{N_2}}{2\pi RT}\right)^{\frac{3}{2}}\exp\left(-\frac{M_{N_2}v^2}{2RT}\right)v^2\Delta v$$

$$\approx 4\times3.14\times2.65\times10^{19}\times\left(\frac{28\times10^{-3}}{2\times3.14\times8.31\times273.15}\right)^{\frac{3}{2}}$$

$$\times\exp\left(-\frac{28\times10^{-3}\times500^2}{2\times8.31\times273.15}\right)\times500^2\times1$$

$$= 3.33\times10^{20}\times2.75\times10^{-9}\times0.22\times2.5\times10^5$$

$$\approx 5\times10^{16}\text{个}$$

3.2.3　局域平衡态分布函数——玻尔兹曼分子数密度分布

上一节仅讨论了平衡态理想气体的分子速度和速率分布，即麦克斯韦分布。分子的空间位置分布情况没有涉及。事实上，理想气体如果不受外力场作用，或者外力场弱到可以忽略的条件下，气体所占据空间各点均匀。因此，分子的空间分布是均匀的，分子数密度n处处相同。若气体占据空间体积为V，气体总的分子数为N，则$n=\dfrac{N}{V}$。如果平衡态理想气体处于外力场中，由于空间均匀性遭到破坏，平衡态理想气体中的分子空间分布就不均匀了，即n不再相同，变成了空间位置r函数，$n=n(r)=n(x,y,z)$。局域平衡态气体的分子速度和速率分布并不是局域的麦克斯韦分布。根据统计理论可以证明：在任何保守力场中处于温度为T的平衡态理想气体里，$r(x,y,z)$处的分子数密度$n(r)$是与分子在该处的势能$\varepsilon_p(r)$呈e的负指数关系，即

$$n(r) = n_0 e^{-\frac{\varepsilon_p(r)}{k_B T}} \tag{3.2.21}$$

其中n_0为分子势能$\varepsilon_p = 0$的分子数密度。上式表述的分子数密度遵守的规律称为玻尔兹曼分子数密度分布律。根据玻尔兹曼分子数密度分布律，处于外力场中的平衡态理想气体内$r(x,y,z)$处$\mathrm{d}V = \mathrm{d}x\mathrm{d}y\mathrm{d}z$空间体积元内的气体分子数为

$$\mathrm{d}N = n(r)\mathrm{d}V = n_0 e^{-\frac{\varepsilon_p(r)}{k_B T}} \mathrm{d}x\mathrm{d}y\mathrm{d}z$$

注意，这里

$$N = \iiint_V n\mathrm{d}V = \iiint_V n_0 e^{-\frac{\varepsilon_p(r)}{k_B T}} \mathrm{d}x\mathrm{d}y\mathrm{d}z$$

则气体中单个分子在$r(x,y,z)$处$\mathrm{d}V = \mathrm{d}x\mathrm{d}y\mathrm{d}z$空间体积元内出现的概率应为

$$f(x,y,z)\mathrm{d}x\mathrm{d}y\mathrm{d}z = \frac{\mathrm{d}N}{N} = \frac{n_0}{N} e^{-\frac{\varepsilon_p(x,y,z)}{k_B T}} \mathrm{d}x\mathrm{d}y\mathrm{d}z = \frac{e^{-\frac{\varepsilon_p(x,y,z)}{k_B T}}}{\iiint_V e^{-\frac{\varepsilon_p(x,y,z)}{k_B T}} \mathrm{d}x\mathrm{d}y\mathrm{d}z} \mathrm{d}x\mathrm{d}y\mathrm{d}z \tag{3.2.22}$$

因此，

$$f(x,y,z) = \frac{e^{-\frac{\varepsilon_p(r)}{k_B T}}}{\iiint_V e^{-\frac{\varepsilon_p(r)}{k_B T}} \mathrm{d}x\mathrm{d}y\mathrm{d}z} \tag{3.2.23}$$

为气体中单个分子在气体内$r(x,y,z)$处单位体积内出现的概率，称为气体分子的位置分布函数。

在重力场中，气体分子受到两种相互对立的作用。无规则热运动使气体分子均匀分布于它们所能达到的空间，而重力则会使气体分子聚集

到地面上，这两种作用达到平衡时，气体分子做非均匀分布，分子数随高度减小。

根据玻尔兹曼分子数密度分布律，可以确定气体分子在重力场中按高度分布的规律。如果取坐标轴 z 竖直向上，设在 $z=0$ 处单位体积内的分子数为 n_0，则分布在高度为 z 处体积元 $\mathrm{d}x\mathrm{d}y\mathrm{d}z$ 内的分子数为

$$\mathrm{d}N' = n_0 e^{-\frac{mgz}{k_B T}} \mathrm{d}x\mathrm{d}y\mathrm{d}z$$

从而分布在高度 z 处单位体积内的分子数为

$$n = n_0 e^{-\frac{mgz}{k_B T}}$$

从上式看出，在重力场中气体分子数密度随高度的增大按指数减小。分子质量越大(重力作用显著)，分子数密度减小的越快；气体温度越高(分子无规则运动剧烈)，分子数密度减小的越缓慢。根据上式，很容易确定气体压强随高度变化的规律。如果把气体看作理想气体，则在一定温度下，其压强与分子数密度 n 成正比：

$$p = nk_B T$$

因此可得

$$p = p_0 e^{-\frac{Mgz}{RT}}$$

其中 $p_0 = n_0 k_B T$ 表示在 $z=0$ 的压强，M 为气体的摩尔质量。该式被称为等温气压公式。利用该式可以近似估算出不同高度处的大气压强，即

$$z = \frac{RT}{Mg} \ln \frac{p_0}{p}$$

据此式，测定大气压随高度的减小，可判断上升的高度。

3.2.4　麦克斯韦-玻尔兹曼分布

由于分子的速度分布与位置分布是相互独立的，位置分布函数和速度分布函数可以以乘积的形式组成分子在相空间的分布

$$
\begin{aligned}
f_{\mathrm{MB}}(r,v) &= f(x,y,z)f(v_x,v_y,v_z) \\
&= \frac{1}{\iiint\limits_V e^{-\frac{\varepsilon_p(r)}{k_B T}}\mathrm{d}V}\left(\frac{m}{2\pi k_B T}\right)^{3/2} e^{-\frac{\varepsilon_p(r)+\frac{1}{2}mv^2}{k_B T}} \\
&= \frac{n_0}{N}\left(\frac{m}{2\pi k_B T}\right)^{3/2} e^{-\frac{\varepsilon}{k_B T}}
\end{aligned} \tag{3.2.24}
$$

式中$\varepsilon=\varepsilon_p(r)+\frac{1}{2}mv^2$是分子的总能量。$f_{\mathrm{MB}}(r,v)$称为麦克斯韦-玻尔兹曼分布律，简称 MB 分布。$f_{\mathrm{MB}}(r,v)$表示处于外力场温度为$T$的平衡态理想气体中的分子在空间$r$处单位空间体积内速度在速度空间$v$处单位速度间隔内出现的概率。这里$N$为气体的总分子数，$n_0$为分子势能$\varepsilon_p(r)=0$处的分子数密度，$\varepsilon(x,y,z,v_x,v_y,v_z)$为分子总能量。这里需要指出的是，对于单原子分子来说就是分子势能ε_p和平动动能$\varepsilon_k=\frac{1}{2}mv^2$；对于多原子分子来说，动能$\varepsilon_k$不仅包括分子的平动动能，还包括分子本部的转动动能和振动动能，ε_p除包括分子的外力势能外，还包括分子内原子之间的相互作用能。

3.3 分布函数随时间的演化

3.3.1 玻尔兹曼方程

1872 年，玻尔兹曼提出描述分布函数随时间变化的积分微分方程。对均匀气体，玻尔兹曼方程可写成

$$
\frac{\partial f(v,t)}{\partial t}=C_c[f,f] \tag{3.3.1}
$$

如图 3-3-1 所示，分布函数随时间的变化率$\frac{\partial f(v_1,t)}{\partial t}$是由两种过程构成：一是速度为$v_1$的分子(出现概率是$f(v_1,t)$)，与其他另一速度为$v_1'$

(出现概率是 $f(v_1',t)$)的分子碰撞后，两个分子速度分别变为 v_2,v_2'，过程简记为：$v_1,v_1' \to v_2,v_2'$。碰撞过程满足动量守恒：$v_1+v_1'=v_2+v_2'$ 及能量守恒：$v_1^2+v_1'^2=v_2^2+v_2'^2$。此过程被称为碰撞出状态 v_1 的过程，它引起速度为 v_1 的分子数减少，因而减小速度 v_1 的分布函数 $f(v_1,t)$；另一类过程是前类的逆过程，两个分子速度各是 v_2 及 v_2'(出现概率是 $f(v_2,t)\ f(v_2',t)$，碰撞后出现一个速度为 v_1 的分子过程，简记为 $v_2,v_2' \to v_1,v_1'$，此过程被称为碰撞入状态 v_1 的过程，它引起分布函数 $f(v_1,t)$ 的增加。对所有可能的 v_1',v_2,v_2' 求和，方程(3.3.1)的碰撞项可写成

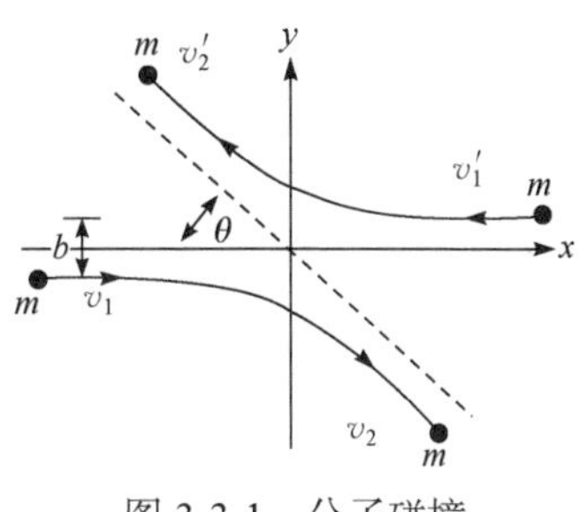

图 3-3-1　分子碰撞

$$C_c[f,f]$$
$$=-\int \mathrm{d}v_1'\int \mathrm{d}v_2\int \mathrm{d}v_2' W(v_1,v_1',v_2,v_2')\left[f(v_1,t)f(v_1',t)-f(v_2,t)f(v_2',t)\right] \tag{3.3.2}$$

其中 $W(v_1,v_1',v_2,v_2')$ 是碰撞截面(可参照我们在 2.2.1 节中对硬球分子碰撞过程的讨论)。分子碰撞是弹性碰撞过程，两个分子碰撞前和碰撞后的总能量和总动量是守恒的。根据力学运动规律，弹性碰撞过程是可翻转的，即

$$W(v_1,v_1',v_2,v_2')=W(v_2,v_2',v_1,v_1') \tag{3.3.3}$$

$\int \mathrm{d}v_1'\int \mathrm{d}v_2\int \mathrm{d}v_2'$ 是 3 个三维速度空间的体积分，但根据碰撞前后能量守恒：

$$\frac{1}{2}mv_1^2+\frac{1}{2}mv_1'^2=\frac{1}{2}mv_2{}^2+\frac{1}{2}mv_2'^2$$

及动量守恒：

$$mv_1+mv_1'=mv_2+mv_2'$$

(v_1',v_2,v_2')9 个变量的变化并不完全独主，实际只有 5 重独立的积分。

一百多年来，在稀薄气体情况下玻尔兹曼方程经受了大量的实验检验，至今仍是人们处理稀薄气体动力学问题的主要理论工具。玻尔兹曼方程在数学上极为复杂，有关其解的性质，甚至解的存在性都还有很多不清楚之处。读者在本课程内只需要知道它的基本含义及基本性质，就能够了解气体热力学的基本物理图像了。由于碰撞项的要求，玻尔兹曼方程中分布函数满足归一条件。此外，碰撞还应满足总动量和总能量守恒：

$$v_1 + v_1' = v_2 + v_2', \quad v_1^2 + v_1'^2 = v_2^2 + v_2'^2$$

3.3.2 H 定理

本节我们将应用玻尔兹曼方程讨论气体分布函数如何随时间的变化。

平衡态分布应该是玻尔兹曼方程不随时间变化的解：

$$C_c[f_m, f_m] = 0$$

f_m 应该满足“细致平衡条件”，即对任一碰撞过程$[v_1, v_1'] \leftrightarrow [v_2, v_2']$，取(3.3.2)式中被积函数为零，得

$$f_m(v_1) f_m(v_1') = f_m(v_2) f_m(v_2')$$

或

$$\ln f_m(v_1) + \ln f_m(v_1') = \ln f_m(v_2) + \ln f_m(v_2')$$

由于对所有可能的碰撞$[v_1, v_1'] \leftrightarrow [v_2, v_2']$，$\ln f_m(v) + \ln f_m(v')$都是守恒量，则$\ln f_m(v)$只能是仅有的 5 个碰撞守恒量：$c$(常数)、$v$(速度)及$\varepsilon = \frac{1}{2}mv^2$(动能)的线性组合：

$$\ln f_m(v) = c + a \cdot v - \frac{b}{2}mv^2$$

其中 a 为常数，再利用下述要求：

(1) 气体整体平动速度：$\int v f_m(v) \mathrm{d}v = 0$；

(2) 分布函数的归一条件：$\int_0^\infty f_m(v) \mathrm{d}v = 1$；

(3) 分子平均动能：$\int \frac{1}{2}mv^2 f_m(v)\mathrm{d}v = \frac{3}{2}k_B T$，

得到

$$a = 0,\quad c = \frac{3}{2}\ln\frac{m}{2\pi k_B T},\quad b = \frac{1}{k_B T}$$

这里 f_m 是麦克斯韦速度分布

$$f_m(v) = \left(\frac{m}{2\pi k_B T}\right)^{\frac{3}{2}} e^{-\frac{m(v_x^2+v_y^2+v_z^2)}{2k_B T}}$$

为了分析玻尔兹曼方程的分布函数 $f(v,t)$ 如何随时间变化，我们引入 H 函数：

$$H = \int \mathrm{d}v f(v,t)\ln f(v,t) \tag{3.3.4}$$

下面计算 H 函数的时间变化率

$$\begin{aligned}\frac{\mathrm{d}H}{\mathrm{d}t} &= \int \mathrm{d}v[1+\ln f(v,t)]\frac{\partial}{\partial t}f(v,t)\\ &= -\int \mathrm{d}v_1\int \mathrm{d}v_1'\int \mathrm{d}v_2\int \mathrm{d}v_2' W(v_1,v_1',v_2,v_2')(f_1f_1' - f_2f_2')(1+\ln f_1)\\ &= -\int \mathrm{d}v_1\int \mathrm{d}v_1'\int \mathrm{d}v_2\int \mathrm{d}v_2' W(v_1,v_1',v_2,v_2')(f_1f_1' - f_2f_2')\frac{(\ln f_1f_1' - \ln f_2f_2')}{4}\end{aligned} \tag{3.3.5}$$

其中已将 $f(v_1,t)$，$f(v_1',t)$，$f(v_2,t)$，$f(v_2',t)$ 分别简写为 f_1, f_1', f_2, f_2'，并利用 W 的对称性以及积分对交换 v_1 和 v_2，v_1 和 v_1'，v_2 和 v_2' 的不变性。数学上很容易证明，对所有 $x, x' \geqslant 0$，不等式 $(x-x')(\ln x - \ln x') \geqslant 0$ 都成立，我们得到

$$\frac{\mathrm{d}H}{\mathrm{d}t} \leqslant 0 \tag{3.3.6}$$

这就是 H 定理。H 定理(3.3.6)式表明，不论气体初始状态分布函数 $f(v,t)$ 如何，H 函数变化总是单调不升的。(3.3.6)式中等式只在 $f(v,t) = f_m(v)$ 才成立。玻尔兹曼方程决定了任何分布函数 $f(v,t)$ 都将单调地趋向麦克斯韦速度分布 $f_m(v)$。其实这就是我们前面多次指出的，由于分子间大量

碰撞，气体分子都将变化为最无序的状态，即由麦克斯韦速度分布 $f_m(v)$ 所描述的平衡态。趋向平衡是由大量分子构成的宏观系统的普遍特性。

玻尔兹曼方程，或 H 定理，能够给出气体系统趋向平衡的速率。详细的分析将不在此叙述。一个重要的基本估计是：正如我们在前面多次提及，在标准条件下，理想气体趋向平衡的时间约为 10^{-9}s，远远短于宏观热力学测试的时间尺度。热力学中的热力学状态就是麦克斯韦速度分布所表示的平衡态。玻尔兹曼方程或 H 定理，可以看成是气体热力学的微观基础，解释了为什么在气体热力学中只需要考虑用宏观参数(p, V, T)表述的平衡态(麦克斯韦速度分布)。气体的热力学过程也只是在不同宏观参数表述的不同平衡态间的过渡。平衡态的名称是相对于存在时间极短的非平衡态而言。在热力学中，并不存在非平衡态，因此也不必引入玻尔兹曼方程。用“热力学状态”来理解“平衡态”是更为确切，且不易被误解的。

3.3.3 气体热力学状态的熵

目前，我们只讨论均匀气体的热力学状态及其过程。气体的热力学状态是用压强、温度、密度、体积等来描述，它们当然都与分子数、分子运动自由度的平均热能等相联系。我们提到，还需要有一个量来定量描述气体的另一基本特性，即气体分子运动的混乱程度。这个量应该只对热力学状态 (平衡态) 定义，它将在分析气体热力学过程中起重要作用。

在 H 定理的讨论中我们已明白，分布函数的变化有一定的方向性。如果 $f_1(v)$可以自动随时间变化为 $f_2(v)$，则 $f_2(v)$)绝对不能自动变回 $f_1(v)$。H 函数标志着分布函数可能变化的方向。借用信息理论的概念，H函数实际是分布函数$f(v)$所包含的信息量，因而$-H$表示分布函数$f(v)$所对应分子系统的混乱程度。如果气体体积和总热能不再变化，气体的分布函数及气体的热力学状态不会变化。因此 H 函数的极小值应该是平衡态 (热力学状态) 的态函数，是平衡态宏观参数的函数。若气体与外界作用(交换热能或做功)，根据 H 定理，气体将很快趋向新的平衡态，具有新的热力学参数(温度、压强等)，当然也有新的 H 函数的“极小值”。在热力学中讨论的热力学过程(也是在均匀气体中实际观测到的)是气体与外界作用引起热力学状态的变动。因此，可以将 H 函数平衡态的取值定义成热力学中热力学状态函数“熵”，作为热力学状态分子混乱程度的度量。再强调一次，熵不是 H 函数的负值，只是在热力学状态(平衡态，麦氏分布) $-H$ 的取值，因而是热力学态函数。

定义热力学状态的熵为

$$S(N,V,T)=-\frac{N}{V}k_BH_m=-nk_B\int \mathrm{d}v f_m(v)\ln f_m(v) \tag{3.3.7}$$

N 是气体总分子数，V，T 是气体宏观态参数，$n=N/V$ 是分子数密度。将(3.2.11)式麦克斯韦速度分布 $f_m(v)$代入(3.3.7)式，利用定积分公式：

$$\int_0^\infty x^2e^{-ax^2}\mathrm{d}x=\frac{\sqrt{\pi}}{4a^{\frac{3}{2}}},\quad \int_0^\infty x^4e^{-ax^2}\mathrm{d}x=\frac{3\sqrt{\pi}}{8a^{\frac{5}{2}}}$$

及 $f_m(v)$的归一条件 $\int_0^\infty f_m(v)\mathrm{d}v=1$，我们得到

$$S(N,V,T)=Nk_B\ln\frac{V}{N}+\frac{3}{2}Nk_B\ln T+\text{常数}$$

去掉无意义的常数，作为理想气体状态函数的熵可定义为

$$S(N,V,T)=Nk_B\ln\frac{V}{N}+\frac{3}{2}Nk_B\ln T \tag{3.3.8}$$

应该指出，也可以利用排列组合理论计算出麦克斯韦速度分布 $f_m(v)$所包含气体分子微观状态数Ω，再定义熵 $S=k\ln\Omega$。由此得到理想气体熵的表达式与(3.3.8)式完全一致。要强调指出的是，H 函数对所有用分布函数表示的气体状态都有定义，而“熵”只对热力学状态有意义。

3.4　热力学第二定律

3.4.1　熵增加

由于真正有意义的是热力学过程中气体熵的变化。气体总分子数 N

一定的系统，若气体温度变化 $\mathrm{d}T$，体积变化 $\mathrm{d}V$，则由(3.3.8)式，气体熵的变化为

$$\mathrm{d}S = Nk_B \frac{\mathrm{d}V}{V} + \frac{3}{2} Nk_B \frac{\mathrm{d}T}{T} \tag{3.4.1}$$

对理想气体，物态方程 $pV = Nk_BT$，气体热能变化 $\mathrm{d}U = \frac{3}{2}Nk_B\mathrm{d}T$，我们得到热力学关系

$$T\mathrm{d}S = \mathrm{d}U + p\mathrm{d}V \tag{3.4.2}$$

再考虑热力学第一定律，则外界输入气体热量

$$\mathrm{d}Q = T\mathrm{d}S \tag{3.4.3}$$

(3.4.2)式及(3.4.3)式是在热力学中真正普遍应用的关系。

对准理想气体 (多原子分子，但气体分子自由飞行的时间远长于完成一次碰撞所需的时间)也是成立的。准理想气体分子是多原子分子，其运动除三个平移自由度的能量(分别是 $\varepsilon_1 = \frac{1}{2}mv_x^2$，$\varepsilon_2 = \frac{1}{2}mv_y^2$，$\varepsilon_3 = \frac{1}{2}mv_z^2$ (连续取值))外，还有量子化的、具有分立能级的转动和振动自由度，能量分别标记为 $\varepsilon_4, \varepsilon_5, \cdots, \varepsilon_s$，它们取各自能级的间断值。我们将 $\{\varepsilon_1, \varepsilon_2, \varepsilon_3, \varepsilon_4, \cdots, \varepsilon_s\}$ 简记为 $\{\varepsilon\}$。气体状态分布函数 $f(\{\varepsilon\}, t)$ 对连续取值的 $\varepsilon_1, \varepsilon_2, \varepsilon_3$，含义与以前相同，对 $\varepsilon_4, \cdots, \varepsilon_s$ 则表示在各自由度取值能级上的分子数。在利用分布函数求平均值时则不仅要对三个方向速度求积分外，还要对其他每个自由度的能级求和，例如，求分子的平均动能

$$\int \mathrm{d}v_x \int \mathrm{d}v_y \int \mathrm{d}v_z \sum\nolimits_{\varepsilon_4} \cdots \sum\nolimits_{\varepsilon_s} \frac{1}{2}mv_x^2 f(\{\varepsilon\}, t) = \int_{\{\varepsilon\}} \frac{1}{2}mv_x^2 f(\{\varepsilon\}, t) = \frac{1}{2}k_BT$$

式中 $\int_{\{\varepsilon\}}$ 代表 $\int \mathrm{d}\varepsilon_1 \int \mathrm{d}\varepsilon_2 \cdots \int \mathrm{d}\varepsilon_s$。我们不在此写出相似于(3.3.1)式的类玻尔兹曼方程，可以引入 H 函数：

$$H = \int_{\{\varepsilon\}} f(\{\varepsilon\}, t) \ln f(\{\varepsilon\}, t) \mathrm{d}\varepsilon \tag{3.4.4}$$

并证明$\frac{\mathrm{d}H}{\mathrm{d}t}\leqslant 0$。

类似于理想气体，由类玻尔兹曼方程可证明，任意分布函数的 H 函数都很快就逼近对应于麦克斯韦-玻尔兹曼分布函数的极小值：

$$H_{\mathrm{MB}}=\int_{\{\varepsilon\}} f_{\mathrm{MB}}(\{\varepsilon\})\ln f_{\mathrm{MB}}(\{\varepsilon\})$$

准理想气体的热力学状态就对应于麦克斯韦-玻尔兹曼分布。同样可以定义准理想气体热力学状态(麦克斯韦-玻尔兹曼分布)的熵：

$$S(N,V,T)=-\frac{N}{n}k_B H_{\mathrm{MB}}$$

虽然我们不能像理想气体那样，简单计算出宏观态熵的具体表达式，但还是可以利用 $f_{\mathrm{MB}}(\{\varepsilon\})$，得到

$$\mathrm{d}S=Nk_B\frac{\mathrm{d}V}{V}+\frac{\mathrm{d}U}{T} \tag{3.4.5}$$

再用准理想气体物态方程，得到广为使用的热力学关系：

$$T\mathrm{d}S=\mathrm{d}U+p\mathrm{d}V \tag{3.4.2}$$

应用热力学第一定律，传入热量是

$$\mathrm{d}Q=T\mathrm{d}S \tag{3.4.3}$$

热力学关系(3.4.2)式及(3.4.3)式对所有稀薄气体都适用。例如，如果气体温度不变，外部传输给气体的热量 $\mathrm{d}Q$，则气体熵增加为

$$\mathrm{d}S=\frac{\mathrm{d}Q}{T} \tag{3.4.6}$$

例 3.3　水的比热容是$4.18\times10^3\,\mathrm{J/(kg\cdot K)}$。试求：(1)1kg、0℃的水与一个373K的大热源相接触，当水到达373K时，水的熵改变多少？(2)如果先将水与一个323K的大热源接触，然后再让它与一个373K的大热源接触，求整个系统的熵变。(3)怎么样才可使水从273K变到373K而整个系统的熵不变。

解　(1) 由$\mathrm{d}Q=T\mathrm{d}S$，得$\mathrm{d}S=\frac{\mathrm{d}Q}{T}$，两边积分

$$\Delta S = \int_{T_0}^{T_1} \frac{\mathrm{d}Q}{T} = \int_{T_0}^{T_1} \frac{cm\mathrm{d}T}{T} = cm\ln\frac{T_1}{T_0}$$

所以

$$\Delta S = 4.18\times10^3\times1\times\ln\frac{373}{273}\approx1.3\times10^3\,\mathrm{J/K}$$

热源熵变为

$$\Delta S_{热} = \frac{\Delta Q}{T} = -\frac{cm(T_1-T_0)}{T_1} = -\frac{4.18\times10^3\times1\times(373-273)}{373}\approx-1.12\times10^3\,\mathrm{J/K}$$

系统熵变为

$$\Delta S_{总} = \Delta S + \Delta S_{热} = 1.3\times10^3 - 1.12\times10^3 = 180\,\mathrm{J/K}$$

(2) 热源熵变为

$$\Delta S_{热1} = \frac{\Delta Q}{T} = \frac{cm\Delta T_1}{T} = -\frac{4.18\times10^3\times1\times(323-273)}{323}\approx-6.47\times10^2\,\mathrm{J/K}$$

$$\Delta S_{热2} = \frac{\Delta Q}{T} = \frac{cm\Delta T_1}{T} = -\frac{4.18\times10^3\times1\times(373-323)}{373}\approx-5.6\times10^2\,\mathrm{J/K}$$

热源总熵变为

$$\Delta S_{热1} + \Delta S_{热2}\approx-1.207\times10^3\,\mathrm{J/K}$$

所以系统熵变为$\Delta S = 93\mathrm{J/K}$。

(3) 由(1)和(2)知，在高温热源和低温热源之间加入一个中间温度热源会降低熵变。因此，为使系统的熵不变，必须使水与一系列温度相差无穷小的热源相接触。

3.4.2　气体局域平衡态的熵

在前面均匀气体的讨论中，气体热力学状态的变化必定与外界作用有关，一定体积的孤立气体(外界不传递热量也不做功)的热力学态是不会变的，孤立气体熵也不变。单独观察均匀气体，熵的变化(增加或减少)主要取决于外界作用(见(3.4.6)式)。因此在讨论非均匀气体时，引入“熵”的概念更为重要。

非均匀理想气体的状态也可以用含坐标变量的分布函数 $F(r,v,t)=n(r)f(r,v,t)$ 来描述。其中 r 是气体中一点的三维坐标矢量，$n(r)$是气体在 r 点的密度，$f(r,v,t)$ 作为三维速度的函数满足归一条件：$\int f(r,v,t)\mathrm{d}v=1$。由于气体分子密度很大(数量级为 10^{19} 个/cm)，而且分子频繁碰撞(连续两次碰撞时间间隔约 10^{-9}s，飞行空间间隔是 10^{-6}—10^{-5}cm)都在很小的宏观尺度内，因此 $f(r,v,t)$ 随速度 v 的变化基本上由 r 点附近的分子碰撞决定，类似于玻尔兹曼方程(3.3.1)中的碰撞项：$C_c\left[f,f\right]$。$f(r,v,t)$ 在约 10^{-9}s 后就将逼近在 r 点附近的局域平衡值

$$f_m(r,v)=\left[\frac{m}{2\pi k_B T(r)}\right]^{\frac{3}{2}} e^{-\frac{m(v_x^2+v_y^2+v_z^2)}{2k_B T(r)}} \tag{3.4.7}$$

“局域麦克斯韦速度分布” $f_m(r,v)$，表述了密度不均匀分布 $n(r)$及温度不均匀分布 $T(r)$的局域平衡态。类似可以定义局域平衡态的热能密度

$$U(r)=\frac{3}{2}n(r)k_B T(r) \tag{3.4.8}$$

及熵密度

$$\begin{aligned} S(r)&=-k_B n(r)\int f_m(r,v)\ln f_m(r,v)\mathrm{d}v \\ &=n(r)k_B\ln\frac{1}{n(r)}+\frac{3}{2}n(r)k_B\ln T(r) \end{aligned} \tag{3.4.9}$$

局域平衡态是有可能宏观观测到的，因而仍可以看成是热力学状态，看成由充分多小块平衡态拼成，或者是具有空间不均匀热力学参数的热力学状态。例如，人们常说，热从高温传向低温，就是指具有不均匀温度分布的局域平衡态内部有热量的流动，并指出了流动的方向。局域平衡态中不同相邻小体积边界附近分子也会产生碰撞并相互渗透，从而产生分子或热能的交换。这就是系统内的“传热”或“扩散”过程。当然它们大大慢于每个小体积内趋向平衡的过程。

空间不均匀的分布函数 $f(r,v,t)$ 满足包含空间变化的玻尔兹曼方程，它包含了由于分子碰撞分布函数快速趋向局域平衡麦克斯韦速度分布的过程，以及系统趋向均匀麦克斯韦速度分布的较慢过程。后者也可

看成(或包含)气体局域平衡态不均匀热力学参数趋向平衡态热力学参数的过程。由分布函数 $f(r,v,t)$ 也可直接计算气体 H 函数。可以证明，上述两种过程都使得 H 函数不断减小。由局域平衡态麦克斯韦分布可以计算气体局域平衡态的状态函数和气体的总熵：$S=\int \mathrm{d}rS(r)$。与均匀气体的平衡态不同，由于分子碰撞，气体局域平衡态还会自发(没外界作用)转化成其他局域平衡态，变化的方向是由“总熵增加”决定。例如，考虑如图 3-4-1 的局域平衡态系统。隔热容器被不动的薄隔板分成体积相等的两部分，各置同量的理想气体，但温度不同：$T_A>T_B$，隔板导热性极好。隔板传热使 T_A 变为 T_A'，T_B 变为 $T_B'=T_B+(T_A-T_A')$。传热前气体总熵 S 正比于 $\ln T_A+\ln T_B$，传热后 S' 正比于 $\ln T_A'+\ln T_B'$。很容易证明，只当 $T_A>T_A'$，才有 $S'>S$，也就是说，热量只能从物体高温部分传向低温部分，反之不可能。又如图 3-4-2 的理想气体自由膨胀过程。一个绝热容器被隔板隔成两部分(体积分别为 V_1 和 V_2)，其中 V_1 部分充有 1mol 温度为 T 的理想气体；V_2 部分是真空。隔板突然移走，气体充满整个容器达到热平衡。由于理想气体在自由膨胀过程中与外界没有物质和能量的交换，所以气体在自由膨胀过程中热能不变，而理想气体热能只是温度的函数，因此，自由膨胀前后理想气体的温度 T 保持不变。根据(4.2.32)式，在自由膨胀过程中气体熵的变化量为

$$\Delta S=R\ln(V_1+V_2)-R\ln V_1=R\ln\frac{V_1+V_2}{V_1}>0$$

由此可见，气体在绝热自由膨胀过程中熵是增加的，也就是说气体自由膨胀过程是不可逆的。

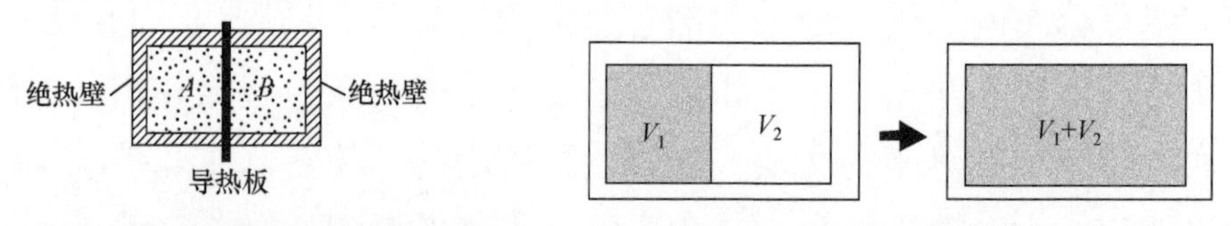

图 3-4-1　局部平衡态系统　　　　图 3-4-2　理想气体的自由膨胀

3.4.3　热力学第二定律的两种表述

人们早就认识到，宏观热力学过程(或者说有热能参与的过程)与单

纯的力学过程有根本的区别。原则上讲，单纯的力学过程是可逆的，例如没有摩擦的单摆，动能和位能不断反复转换。但热力学过程是不可逆的，即有一定的方向性。热力学过程及其逆过程都满足热力学第一定律，但却只有一个方向可以实现。例如，热量只能由系统的高温部分传到低温部分，不可能有热量自动从低温部分传向系统的高温部分。外界对气体做功可以完全转化为气体热能，但气体部分热能却不能完全自动转化为功。在还不太明确热能的分子运动机制前，克劳修斯首先认识到，热力学除热力学第一定律外还必定有另一规律来决定热力学过程的方向。于是，他于 1850 年提出热力学第二定律，并表述为："不可能将热量从低温物体传到高温物体而不引起其他的变化"。第二年，开尔文提出了热力学第二定律的另一等价表述："不可能从单一热源吸取热量，完全转化为功，而不产生其他影响"。其后还有人提出另一些热力学第二定律的等价表述。热力学第二定律对热机的发展起了关键的作用。

图 3-4-3 和图 3-4-4 给出了符合热力学第二定律、可以实现的"热机"及"制冷机"的热力学原理图。高温热源的温度 T_h 高于低温热源的温度 T_l。

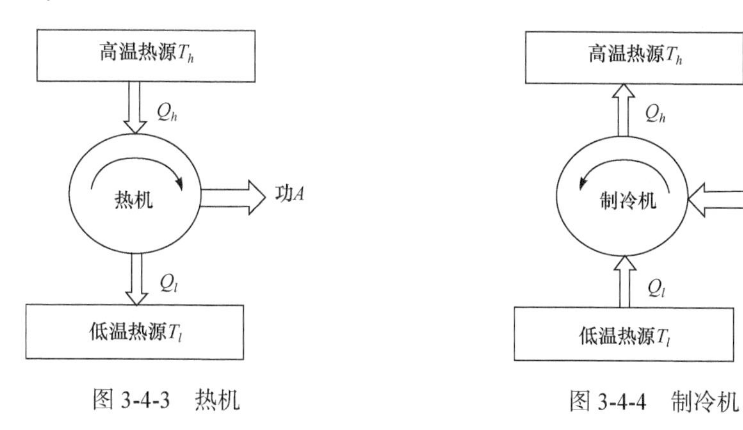

图 3-4-3　热机　　图 3-4-4　制冷机

从气体分子运动论的角度来看，热能的第一个基本属性是：热能是所有分子机械运动的总能量。热力学第一定律正是反映了热力学过程中总能量守恒。热能的另一基本属性是：大量分子运动是无规则的。如果能度量热力学状态分子运动的混乱(无规则)程度，则热力学第二定律只是表明：系统自发变化(不引起其他改变)中混乱度只增不减。我们在前面通过不同途径，引入熵来度量热力学状态分子运动的混乱度，并解释了由于大量的分子碰撞，熵(或$-H$ 函数)在热力学过程中只可能持续增加。对于均匀气体，以 T，V 作为气体热力学状态的宏观参数，则

$$T\mathrm{d}S = \mathrm{d}U + p\mathrm{d}V \tag{3.4.2}$$

$$\mathrm{d}Q = T\mathrm{d}S \tag{3.4.3}$$

是热力学第一定律。对于局域平衡态，气体总熵是各局域熵之和

$$S = \int_V S(r)\mathrm{d}r \tag{3.4.10}$$

r 是三维坐标，$S(r)$是 r 处的熵密度。

孤立系统的气体(即外界不输入热量及做功)自发变动，熵变化的方向为

$$\mathrm{d}S \geqslant 0 \tag{3.4.11}$$

则是气体的热力学第二定律的一种表述："孤立系统的熵不减，只有平衡态的熵不再增加。"我们还可以推论，对于可实现的热力学过程，气体内部过程总是引起气体熵的增加(通常用$\mathrm{d}_i S \geqslant 0$表示)，则任何使气体恢复原状态的逆过程必须要由外界对气体输入"负熵"或$\mathrm{d}_e S = \dfrac{\mathrm{d}_e Q}{T}$)。也就是说，没有任何过程可以使气体恢复原状而不改变外界状态。

第二类永动机是指可以从单一热源吸取热量，并将其转化为功，但对周围没有影响的"机器"，如图 3-4-5 所示。这类"机器"不违反热力学第一定律(能量守恒)，若能实现则可将地球内部、海洋等作为热源，对人类来说是"取之不尽"的。热力学第二定律表明，第二类永动机是不可能实现的。近二百年来诸多"巧匠""工程师"制造或发明第二类永动机的试图，无一例外地都以失败告终。这些事例，充分表明了"普及科学"及"相信科学"的重要性。

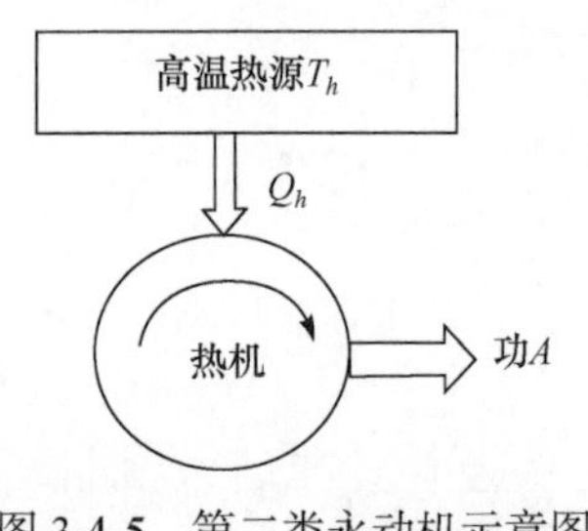

图 3-4-5　第二类永动机示意图

3.4.4　卡诺定理

热力学第二定律表明，自然界的过程是有方向性的，即不可逆性。一个系统由某一状态出发，经过某一过程达到另一状态，如果存在另一过程，它使系统和外界完全复原(即系统回到原来状态，同时消除了系统对外界引起的一切影响)，则原来的过程成为可逆过程。反之，如果用任何方法都不可能使系统和外界完全复原，则原来的过程称为不可逆过程。理想气体的卡诺循环过程是一个可逆过程。理想气体的卡诺循环的效率就是可逆热机的效率。事实上，卡诺于 1824 年就给出了卡诺定理：

(1) 在相同的高温热源和相同的低温热源之间的一切可逆热机，其效率都相等，与工作物质无关。

(2) 在相同的高温热源和相同的低温热源之间工作的一切不可逆热机，其效率都小于可逆热机的效率。

在图 2-4-5 中，由于漏热等实际因素，循环曲线在卡诺循环内，对外输出功小于卡诺循环的结果，因此实际热机效率小于卡诺循环的效率。卡诺热机效率给出了所有热机效率的极限。因此，提高热机效率有两个主要方向：其一是尽量提高高温热源的温度，或加大高、低热源的温度差；二是尽量减小各方面的损耗。热力学的这个结果，即便对当前设计节能措施，也有重要的指导意义。

3.4.5　热力学函数

前面已指出，均匀热力学平衡态的热力学过程是由外界条件决定，气体系统本身不会自发变化。热力学过程的讨论只需考虑物态方程及气体热能的热力学第一定律。对处于热力学局域平衡态的系统，由于存在系统内部自发变化的倾向，还需考虑热力学函数——熵。

热力学函数的引入是为了方便描述热力学状态(或热力学过程)的某方面特性，它们都是热力学状态参数(压强 p，温度 T，体积 V，密度 n 等)的函数。至此，我们已经知道了气体的两个热力学函数，即热能 U

及熵 S。以下讨论只取 1mol 气体，即总粒子数是确定的。

我们已知公式(2.2.17)

$$C_V = \left(\frac{\partial}{\partial T}U(T,V)\right)_V$$

摩尔定体热容量 C_V 可由理论计算或由实验测量得到。再由

$$TdS = dU + pdV \tag{3.4.2}$$

$$\begin{aligned} dU &= \left(\frac{\partial}{\partial T}U(T,V)\right)_V dT + \left(\frac{\partial}{\partial V}U(T,V)\right)_T dV \\ &= T\left(\frac{\partial S}{\partial T}\right)_V dT + \left[T\left(\frac{\partial S}{\partial V}\right)_T - p\right]dV \end{aligned}$$

得到

$$C_V = \left(\frac{\partial U}{\partial T}\right)_V = T\left(\frac{\partial S}{\partial T}\right)_V$$

或

$$\left(\frac{\partial S}{\partial T}\right)_V = \frac{C_V}{T} \tag{3.4.12}$$

再利用一些偏微分关系，可得

$$\left(\frac{\partial U}{\partial V}\right)_T = T\left(\frac{\partial p}{\partial T}\right)_V - p \tag{3.4.13}$$

$$\left(\frac{\partial S}{\partial V}\right)_T = \left(\frac{\partial p}{\partial T}\right)_V \tag{3.4.14}$$

根据状态方程：$p(T,V)$ 及摩尔定体热容量 C_V (都可由理论或实验测量直接得到)，由(3.4.12)—(3.4.14)式可求出气体的热能及熵。还有一些热力学函数经常被提到，是因为对讨论相应热力学过程很有用。

定义“自由能” $F = U - TS$ 。由 $TdS = dU + pdV$ 得

$$dF = -S\,dT - p\,dV \tag{3.4.15}$$

对等温过程 $dT = 0$ ，自由能的变化完全是由于外力对气体做功。热力学

第二定律表明，系统自发的等温过程只能使自由能持续减小：$\mathrm{d}F \leqslant 0$。自由能是指在某一个热力学过程中，系统减少的内能中可以转化为对外做功的部分，它衡量的是：在一个特定的热力学过程中，系统可对外输出的有用能量。

定义"焓"$H = U + pV$，则

$$\mathrm{d}H = T\mathrm{d}S + V\mathrm{d}p \tag{3.4.16}$$

或者

$$\mathrm{d}H = \mathrm{d}Q + V\mathrm{d}p \tag{3.4.17}$$

由于焓的含义非常明确，因此在涉及化学反应过程时，若压强和体积不变，由于反应能只作为热量出现，用焓是很方便的。

例 3.4　实验数据表明，在 0.1MPa，300—1200K 范围内铜的摩尔定压热容量为 $C_{p,m} = a + bT$，其中 $a = 2.3\times10^4\,\mathrm{J/(mol\cdot K)}$，$b = 5.92\,\mathrm{J/(mol\cdot K^2)}$，试计算在 0.1MPa 下，温度从300K 增到1200K 时铜的焓的改变。

解　由 $H = U + pV$，可得

$$\mathrm{d}H = \mathrm{d}Q + V\mathrm{d}p$$

所以，定压条件下，$\mathrm{d}H = \mathrm{d}Q$。因此，

$$\Delta H = \int_{T_1}^{T_2} C_{p,m}\mathrm{d}T = \int_{300}^{1200}(2.3\times10^4 + 5.92T)\mathrm{d}T = 2.47\times10^7\,\mathrm{J/mol}$$

也可以定义吉布斯函数：$G = U - TS + pV$，则

$$\mathrm{d}G = -S\mathrm{d}T + V\mathrm{d}p \tag{3.4.18}$$

若温度与体积不变，气体压强的增加或减少只能是由于总分子数增加或减少所致。吉布斯函数又称为热力学势。在表达式(3.4.18)中，$\mathrm{d}T$ 和 $\mathrm{d}p$ 都是强度量微分，只有 S 与 V 是广延量，因此在温度及压强不变时，G 也是广延量。在讨论气体质量或粒子数变化情况下，(3.4.18)式可以推广为

$$\mathrm{d}G = -S\mathrm{d}T + V\mathrm{d}p + \mu\mathrm{d}n \tag{3.4.19}$$

并有

$$\mu = \left(\frac{\partial G}{\partial n}\right)_{T,p} \tag{3.4.20}$$

以及

$$G = ng(T,p) \tag{3.4.21}$$

在分子数可变的情况下用吉布斯函数是很方便的，热力学关系是

$$\mathrm{d}U = T\mathrm{d}S - p\mathrm{d}V + \mu\mathrm{d}n \tag{3.4.22}$$

$$\mathrm{d}H = T\mathrm{d}S + V\mathrm{d}p + \mu\mathrm{d}n \tag{3.4.23}$$

$$\mathrm{d}F = -S\mathrm{d}T - p\mathrm{d}V + \mu\mathrm{d}n \tag{3.4.24}$$

对一般学习热力学的读者，只需要知道有这些热力学函数及微分关系(3.4.22)—(3.4.24)式即可。

3.5 输 运 过 程

前面已经指出，热力学第二定律实际上主要是指出局域平衡态自发变化的方向。气体的局域平衡态主要由分子密度分布 $n(r)$、局域宏观速度 $v(r)$、温度分布 $T(r)$等所描述，r 是空间坐标矢量。这些参数分布的自发变化，分别受“扩散过程”“粘滞过程”及“传热过程”所制约。热力学第二定律表明：气体由密度高处向密度低处“扩散”(扩散过程)；动量由动量大处向动量低处传送(粘滞过程)；热量从高温处向低温处传送(传热过程)。这些过程统称为输运过程。非平衡态热力学就是讨论热力学系统局域平衡态变化的规律，亦即讨论这些输运过程。

3.5.1 输运过程的微观图像

气体内部之所以能够发生输运过程，首先是由于分子不停地热运动。当气体内部存在不均匀性的时候，一般可以说，各处的分子具有不同的特点。(1)当气体各处的温度存在差异时，各处分子热运动的平均动能就不同，温度高处分子平均动能大，温度低处分子平均动能小。由

于分子不停地热运动，分子从温度高处运动到温度低处，平均讲就会带去较多的能量；反之，分子从温度低处运动到温度高处，平均讲带去能量较少。这样通过高、低温处分子热运动的交流，总的平均效果，出现热运动由高温处向低温处发生宏观输运。(2)如果气体处于系统内各处宏观流速不同的非平衡态时，从微观角度看，系统内的分子除了进行热运动外还附加一个不同流速的宏观运动。分子运动使不同流速的分子相互交换，就可以使不同地方的分子流动动量得到交换。因此，就会出现宏观的动量由流速大的层向流速低的层传递或输运。这种宏观动量的输运结果，使相邻层之间出现了内摩擦力，也就是粘滞力。(3)此外，在混合气体中，当某种气体的分子数密度分布不均匀时，这种气体分子将从密度大的地方向密度小的地方迁移，这种现象在宏观上就被称为扩散现象。混合气体内部如果要发生纯扩散过程，那么混合气体内部各处的温度和总压强要均匀，当各处组分的分子数密度不均匀时，就会发生组分气体的纯扩散过程。而对一种气体来说，当内部气体温度均匀、密度不均匀时，则各处压强也不均匀，从而产生气体的定向流动，但不是扩散。为简化，一般仅仅考虑由两种气体分子组成的混合气体中发生的纯扩散过程。同时，还假定两种分子的质量基本相等，这样，混合气体中两种分子的热运动平均速率、分子有效直径等差异均可以忽略不计。下面从分子运动论的角度来阐述热传导过程、黏滞过程和扩散过程三种输运过程。

从分子热运动和分子之间的碰撞的微观机制来看，气体的输运过程和热运动的平均自由程 $\overline{\lambda}$ 有关。下面求出 $\overline{\lambda}$ 与分子数密度 n 的关系。设想 A 分子以平均相对速率运动，其余分子不动。跟踪分子 A，看其在一段时间 Δt 内与多少分子相碰。以 A 分子质心的运动轨迹为轴，分子有效直径 d 为半径，作一曲折圆柱体，如图 3-5-1 所示，则凡质心在该圆柱体内的分子都将与 A 相碰。Δt 时间内其他分子与 A 分子平均碰撞的次数等于圆柱体体积中的分子数。设圆柱体的截面积(分子碰撞截面)为 σ，则 $\sigma = \pi d^2$。而圆柱体的体积为 $\sigma\overline{u}\Delta t$，其中 $\overline{u}$ 为分子间平均相对运

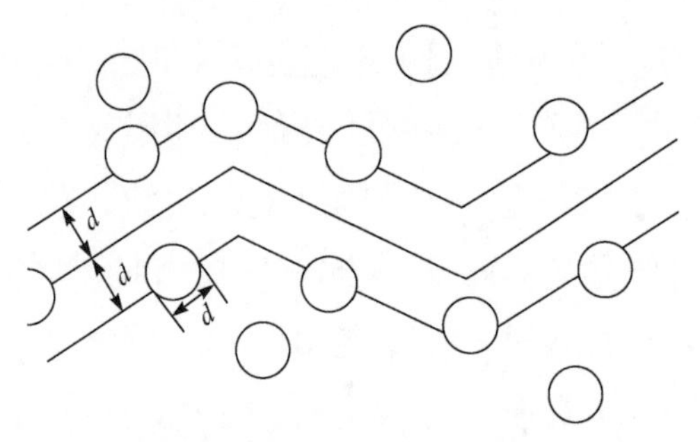

图 3-5-1　分子平均自由程

动速率。则中心在此圆柱体内的分子总数，即在Δt时间内与 A 相碰的分子数为$n\sigma\overline{u}\Delta t$ 。由此可以算出分子平均碰撞频率

$$\overline{Z}=\frac{n\sigma\overline{u}\Delta t}{\Delta t}=n\sigma\overline{u}=\sqrt{2}n\pi d^2\overline{v}$$

其中利用了分子间平均运动速率$\overline{u}$与相对地面平均运动速率$\overline{v}$的关系：$\overline{u}=\sqrt{2}\overline{v}$ 。然后利用Δt时间内分子走的平均路程$\overline{v}\Delta t$以及Δt时间内分子平均发生的碰撞次数$\overline{Z}\Delta t$，可以求出平均自由程

$$\overline{\lambda}=\frac{1}{\sqrt{2}n\pi d^2} \tag{3.5.1}$$

标准条件下，多数气体的平均自由程约为10^{-8}m，而分子有效直径约为10^{-10}m 。因此，$\overline{\lambda}\gg d$，除了分子碰撞的瞬间，分之间的相互作用可以忽略。同时，平均自由程$\overline{\lambda}$又远小于容器的线度，这样分子从容器上部热运动到容器下部，要经过很多次碰撞。而由于分子直径很小，分子间的碰撞主要为二体碰撞，三个或多个分子同时碰撞的可能性很小，可以忽略。在这些假设下，我们可以对气体输过程运进行微观描述。

假设气体分子都以平均速度v向不同方向运动，分子每行走长度$\overline{\lambda}$后即与其他分子碰撞一次。在 $z=z_0$ 处有一平行平面(x-y)的小面元 dS，如图 3-5-2 所示。可以认为，气体所有分子可分 6 群，各以速度v向$(\pm x,\pm y,\pm z)$ 6 个方向运动，则 dt 时内间由上方穿过 dS 的分子数为

$$\mathrm{d}N=\frac{1}{6}nv\mathrm{d}S\mathrm{d}t$$

dN 个分子在$z_0+\overline{\lambda}$处经过碰撞，具有该处的平均力学量$K(z_0+\overline{\lambda})\mathrm{d}N$ (密

度、平均动量、平均能量)，飞行到位于 z_0 处的 dS 上，碰撞后将所带的力学量交于当地分子，补偿同时反向由 d$S(z_0)$ 飞向 d$S(z_0+\bar{\lambda})$ 的 dN 个分子所带走的 $K(z_0)\mathrm{d}N$。同样，dN 个分子由 d$S(z_0-\bar{\lambda})$ 处飞向 d$S(z_0)$ 带来的力学量 $K(z_0-\bar{\lambda})\mathrm{d}N$，补偿由 d$S(z_0)$ 飞向 d$S(z_0-\bar{\lambda})$ 的 dN 个分子所带走的力学量 $K(z_0)\mathrm{d}N$。因此，在 dt 时间内，d$S(z_0)$ 上力学量 K 的变化为

$$[K(z_0-\bar{\lambda})-K(z_0+\bar{\lambda})]\mathrm{d}N \propto -2\left(\frac{\mathrm{d}K(z)}{\mathrm{d}z}\right)_{z=z_0}\bar{\lambda}\mathrm{d}N$$

或者，在 d$S(z_0)$ 处力学量 K 流为

$$-2\left(\frac{\mathrm{d}K(z)}{\mathrm{d}z}\right)_{z=z_0}\cdot\bar{\lambda}\frac{\mathrm{d}N}{\mathrm{d}t}$$

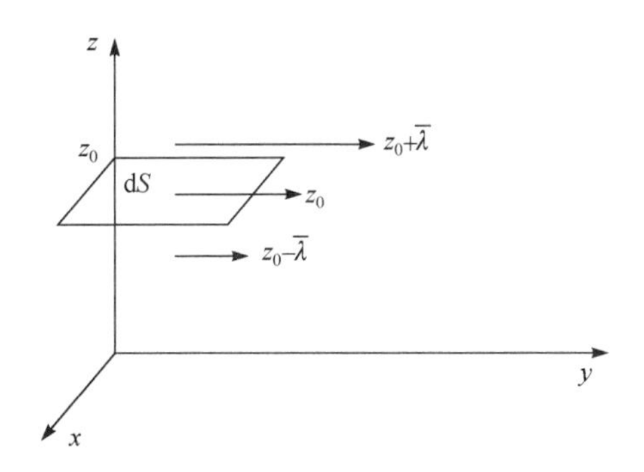

图 3-5-2　气体输运的微观图像

3.5.2　热传导过程

对于热传导过程，由于各处分子的平均动能不相同，以及分子处于不停的热运动当中，会发生温度从高温向低温的流动。在此过程中发生变化的力学量 K 是分子热运动的平均平动能 $\bar{\varepsilon}$，因此，热量流为

$$\frac{\mathrm{d}Q}{\mathrm{d}t}=-2\left(\frac{\mathrm{d}\bar{\varepsilon}}{\mathrm{d}z}\right)_{z=z_0}\cdot\bar{\lambda}\frac{\mathrm{d}N}{\mathrm{d}t}=-\frac{1}{3}nv\bar{\lambda}\mathrm{d}S\left(\frac{\mathrm{d}\bar{\varepsilon}}{\mathrm{d}z}\right)_{z_0} \tag{3.5.2}$$

其中负号表示热量从高温传向低温。注意到关系

$$\left(\frac{\mathrm{d}\bar{\varepsilon}}{\mathrm{d}z}\right)_{z_0}=\left(\frac{\mathrm{d}\bar{\varepsilon}}{\mathrm{d}T}\right)_{z_0}\left(\frac{\mathrm{d}T}{\mathrm{d}z}\right)_{z_0}$$

并且假定$\left(\frac{\mathrm{d}\bar{\varepsilon}}{\mathrm{d}T}\right)_{z_0}=C_V$，$C_V$为$z_0$处分子的摩尔定体热容量，可以得到

$$\frac{\mathrm{d}Q}{\mathrm{d}t}=-\frac{1}{3}nv\bar{\lambda}C_V\mathrm{d}S\left(\frac{\mathrm{d}T}{\mathrm{d}z}\right)_{z_0} \tag{3.5.3}$$

实验发现，对于各向同性的物质(不仅仅气体)，热传导遵循如下的实验规律：

$$q=-\kappa\Delta S\left(\frac{\mathrm{d}T}{\mathrm{d}z}\right)_{z_0} \tag{3.5.4}$$

其中q是单位时间内通过某截面的热量，ΔS是截面的面积，κ是热导率。这里的负号表示实际的热流方向与温度梯度方向相反。这就是热传导的傅里叶定律。同微观结果比较，可以很容易地发现热导率的微观表达式为

$$\kappa=\frac{1}{3}nv\bar{\lambda}C_V \tag{3.5.5}$$

热导率是物质的一个特性参数，单位是 W/(m · K)，一些物质的热导率在表 3-5-1 中列出，金属(尤其是铜)的热导率较高。

表 3-5-1　一些材料的热导率　　(单位：W/(m · K))

物质	空气(1atm)	水蒸气(1atm)	氢气(1atm)	水	甘油	四氯化碳
温度/℃	38	100	175	20	0	27
热导率	0.027	0.0245	0.251	0.604	0.29	0.104
物质	纯银	纯铜	纯铝	水泥	玻璃	冰
温度/℃	0	20	20	24	20	0
热导率	418	386	204	0.76	0.78	2.2

3.5.3　粘滞过程

粘性过程发生在分子的定向流速u随高度的变化而不同的时候，因此，这一过程中的热力学量K是定向运动的动量mu，其中m是分子质量。单位时间内动量的变化量可以写为

$$\frac{\mathrm{d}p}{\mathrm{d}t}=2\left(\frac{\mathrm{d}\,mu}{\mathrm{d}\,z}\right)_{z=z_0}\cdot\bar{\lambda}\frac{\mathrm{d}N}{\mathrm{d}t}$$

$$=\frac{1}{3}nmv\bar{\lambda}\mathrm{d}S\left(\frac{\mathrm{d}u}{\mathrm{d}z}\right)_{z_0} \tag{3.5.6}$$

根据牛顿粘滞定律，有

$$f=-\eta\left(\frac{\mathrm{d}u}{\mathrm{d}z}\right)_{z=z_0}\mathrm{d}S \tag{3.5.7}$$

其中 f 为 $\mathrm{d}S$ 面下方流层对上方流层的粘滞力，η 为粘滞系数。比较(3.5.6)式和(3.5.7)式可以得到粘滞系数

$$\eta=\frac{1}{3}nmv\bar{\lambda}=\frac{1}{3}\rho v\bar{\lambda} \tag{3.5.8}$$

其中 $\rho=nm$ 是气体密度。粘滞系数单位为“泊”，简记为 P：1P = 1dyn · s/cm^2 = 0.1 · N · s/m^2，有人也用“帕秒”(1P= 0.1Pa · s)为单位。粘滞系数受流体的温度变化影响比较大。液体的粘滞系数一般随温度上升而下降，但气体的粘滞系数则随温度上升而增大，差不多正比于绝对温度的平方根 $\sqrt{T}$ 。表 3-5-2 给出一些流体的粘滞系数。粘滞力就是流体内部的摩擦力。

表 3-5-2　一些流体的粘滞系数

气体	温度/℃	$\eta/10^{-4}$P	液体	温度/℃	$\eta/10^{-2}$P
空气	20	1.82	水	0	1.79
	670	4.0		20	1.01
水蒸气	0	0.9		100	0.28
	100	1.27	酒精	0	1.84
二氧化碳	20	1.47		20	1.20
氢气	20	0.89	轻机油	15	11.3
	250	1.3	重机油	15	66

3.5.4　扩散过程

该过程发生在气体分子数密度不均匀的情况，显然，这种条件下，力学量 K 是气体的分子数密度 n，它的变化率为

$$\frac{\mathrm{d}n}{\mathrm{d}t}=-\frac{1}{3}v\bar{\lambda}\mathrm{d}S\left(\frac{\mathrm{d}n}{\mathrm{d}z}\right)_{z_0} \tag{3.5.9}$$

实验发现，单位时间内通过 z_0 处横截面 ΔS 上的分子数与分子数密度梯度成比例，也和横截面的大小 ΔS 成比例，即

$$\frac{\mathrm{d}N}{\mathrm{d}t}=-D\Delta S\left(\frac{\mathrm{d}n}{\mathrm{d}z}\right)_{z_0} \tag{3.5.10}$$

(3.5.10)式称为菲克扩散定律。负号表示分子从密度高处向密度低处扩散，比例系数 D 称为扩散系数，其单位可为 $\mathrm{m^2/s}$。同微观结果对照，可以得到

$$D=\frac{1}{3}v\bar{\lambda} \tag{3.5.11}$$

在(3.5.5)式、(3.5.8)式及(3.5.11)式中，C_V，ρ 可直接测出，v 可由气体绝对温度 T 估计出，平均自由程 $\bar{\lambda}$ 可由分子直径给出估计值。不同输运系数之比与平均自由程无关，例如，$D\rho/\eta=1$。对不同气体，$D\rho/\eta$ 的实际测量值在 1.3—1.5 之间。此外，由于 ρ 与 $\bar{\lambda}$ 对压强 p 的依赖关系正相反，二者乘积 $\rho\bar{\lambda}$ 与 p 无关，这就导致 η 与 κ 和压强 p 无关。实验证实了这个推论。

思　考　题

3.1　什么是局域平衡态？

3.2　热力学第二定律的含义是什么？

3.3　麦克斯韦速率分布函数 $f(v)$ 的物理意义是什么？

3.4　当分子速率 v 确定后，决定麦克斯韦速率分布函数 $f(v)$ 的数值的因素是什么？

3.5　热力学可逆与不可逆过程有什么不同?

3.6　分子的平均自由程与什么因素有关?

3.7　什么是局域平衡态的熵?

3.8　熵与 H 函数有什么不同?

习　　题

3.1　许多星球的温度达到 10^8K，在这温度下原子已经不存在了，而氢核(质子)是存在的。若把氢核视为理想气体，求：

(1) 氢核的方均根速率是多少?

(2) 氢核的平均平动动能是多少电子伏特?

(普适气体常量 $R = 8.31\text{J/(mol} \cdot \text{K)}$，$1\text{eV} = 1.6 \times 10^{-19}\text{J}$，玻尔兹曼常量 $k_B = 1.38 \times 10^{-23}\text{J/K}$)

3.2　假定氧气的热力学温度提高一倍，氧分子全部离解为氧原子，则这些氧原子的平均速率是原来氧分子平均速率的多少倍?

3.3　2g 氢气与 2g 氦气分别装在两个容积相同的封闭容器内，温度也相同。(氢气分子视为刚性双原子分子)

(1) 氢气分子与氦气分子的平均平动动能之比 $\overline{w}_{H_2} / \overline{w}_{He}$ 等于多少?

(2) 氢气与氦气压强之比为多少?

(3) 氢气与氦气热能之比 E_{H_2} / E_{He} 为多少?

3.4　在一个体积不变的容器中，储有一定量的理想气体，温度为 T_0 时，气体分子的平均速率为 $\overline{v}_0$，分子平均碰撞次数为 $\overline{Z}_0$，平均自由程为 $\overline{\lambda}_0$。当气体温度升高为 $4T_0$ 时，气体分子的平均速率 $\overline{v}$，平均碰撞频率 $\overline{Z}$ 和平均自由程 $\overline{\lambda}$ 分别为多少?

3.5　一容器贮有某种理想气体，其分子平均自由程为 $\overline{\lambda}_0$，若气体的热力学温度降到原来的一半，但体积不变，分子作用球半径不变，则此时平均自由程为多少?

3.6　氮气在标准条件下的分子平均碰撞频率为 $5.42 \times 10^8\text{s}^{-1}$，分子平均自由程为 6×10^{-6}cm，若温度不变，气压降为 0.1atm，则分子的平均碰撞频率变为多少？平均自由程变为多少？

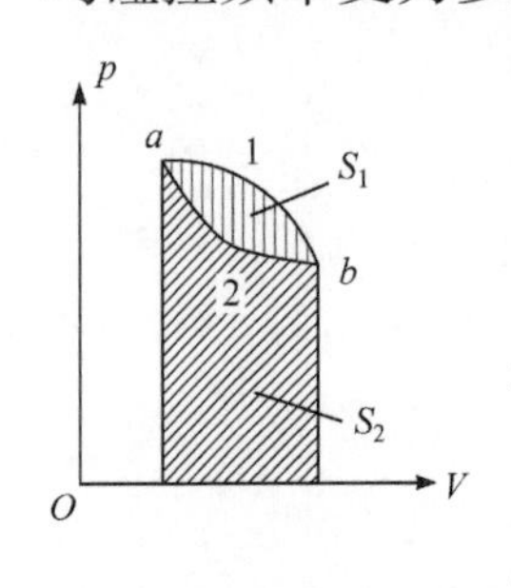

3.7　如图所示，已知图中画不同斜线的两部分的面积分别为 S_1 和 S_2，那么

(1) 如果气体的膨胀过程为 a—1—b，则气体对外做功为多少？

(2) 如果气体进行 a—2—b—1—a 的循环过程，则它对外做功为多少？

3.8　处于平衡态 A 的一定量的理想气体，若经准静态等体过程变到平衡态 B，将从外界吸收热量 416J，若经准静态等压过程变到与平衡态 B 有相同温度的平衡态 C，将从外界吸收热量 582J，所以从平衡态 A 变到平衡态 C 的准静态等压过程中气体对外界所做的功为多少？

3.9　一个做可逆卡诺循环的热机，其效率为 η，它逆向运转时便成为一台制冷机，该制冷机的制冷系数 $w=\dfrac{T_2}{T_1-T_2}$，则 η 与 w 有什么关系？

3.10　可逆卡诺热机可以逆向运转。逆向循环时，从低温热源吸热，向高温热源放热,而且吸的热量和放出的热量等于它正循环时向低温热源放出的热量和从高温热源吸的热量。设高温热源的温度为 T_1 =450K，低温热源的温度为 T_2 = 300K，卡诺热机逆向循环时从低温热源吸热 Q_2 = 400J，则该卡诺热机逆向循环一次外界必须做功多少？

3.11　一卡诺热机(可逆的)，低温热源的温度为 27℃，热机效率为 40%，其高温热源温度为多少？今欲将该热机效率提高到 50%，若低温热源保持不变，则高温热源的温度应增加多少？

第 4 章　热力学的基本原理

在第 2 章和第 3 章中，基于气体分子运动论，我们介绍了气体热力学的主要概念、物理图像，以及热力学第一定律、第二定律的基本内容。在固体及液体中，尽管从微观上看，分子已经不能自由移动，但仍然存在大量的、与数倍分子总数相近的机械运动自由度，它们之间也存在类似碰撞的相互作用。气体热力学的主要规律，如热力学第一定律、第二定律，普遍适用于物质三态。

4.1　固体和液体的运动模式

在通常条件下，人们直接感知的宏观物体有三种存在状态，即气态、液态、固态。不同状态物体都是由大量的分子、原子构成，但结合方式并不相同，因而物体不同状态的宏观外貌及宏观运动特性有极大差别。例如，水在 0℃以下是固体冰，其中水分子在空间规则排列。若温度变化范围较小，不同温度下冰保持形状不变，体积变化很小(热胀冷缩)，可以近似认为冰的体积不变。液体水中相邻分子排列基本有序，但允许有极微的错动(所谓“短程有序、长程无序”)，因而水的宏观外形可以任意变化，但总体积基本不变。100℃以上水蒸气中水分子(除碰撞外)基本是自由飞行(当然还有分子转动及振动)，因而气体体积及外形都可变，由容器决定。这些差别也就决定了不同物态的宏观热力学参数也不完全相同。前面已讲了，对气体状态，热力学参数是体积、温度、压强及其间的关系，即物态方程。对固体，除总质量或总分子数等不变参数外，主要热力学参数是温度(除超高压情况外，压强变化影响很小，体积的很小变化也可由温度变化及热胀系数直接算出)。液体的主要热力学参数也是温度，其密度或体积变化很小，或可由热胀系数直接算出。

液体形状由容器决定，或者由流体力学方程确定其变化及运动。

由以上章节所述，物体的热能是组成物体分子、原子的“机械运动”总能量。在气体中，分子基本上在自由飞行，多原子分子还有转动和分子内部振动等自由度。分子间的相互作用是近乎瞬时的弹性碰撞，能量通过碰撞在不同运动自由度间转移，经过极短时间(大约 10^{-9}s)后达到总能量在不同自由度间“均分”。

在固体中，分子运动完全是另一种形态。由于长程吸引及短程排斥力，分子、原子排列成整齐的空间晶格。当然，它们也不可能静止停留在格点(平衡点)上，而是围绕格点振动。由于不同格点上分子及原子间的相互作用，任一格点上的运动势必会影响其他相邻格点上分子的运动。因此，不同格点上分子的振动并不是独立的，而是有序地组合成不同模式、不同频率和波长的波，称为格波。每个格波应该看成是一个自由度，格波的振幅决定该自由度的能量。固体有多少分子、原子，就有与分子、原子运动自由度同数量的格波。格波就是固体中分子的运动自由度。为说明格波的物理意义，以下以一维单原子链和一维双原子链为例分析固体中格波及格波自由度的总数。

4.1.1 一维单原子链的振动

我们先看由单原子组成的一维链，每个原子的质量为 M，平衡时两原子间距为 a，布拉维格矢 $R_s = sa$，原子 s 偏离平衡位置位移为 u_s，如图 4-1-1 所示。

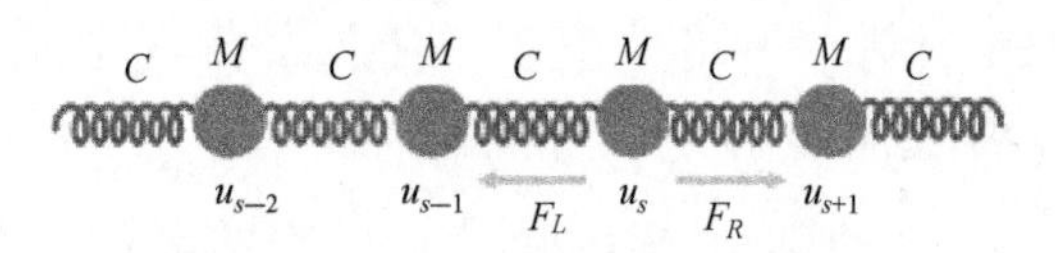

图 4-1-1 一维单原子链示意图

若 u_s 远小于平衡间距 a，则两原子$(s, s+1)$的相互作用力可近似用弹性力表示：

$$F_R = c(u_{s+1} - u_s)$$

原子 s 的运动方程可以写为

$$M\frac{\mathrm{d}^2 u_s}{\mathrm{d}t^2}=C\left(u_{s+1}+u_{s-1}-2u_s\right) \tag{4.1.1}$$

线性微分方程的解应取形式:

$$u_s\left(t\right)=A\exp\left[i(kx_s-\omega t)\right]$$

其中 $x_s=sa$ ， s 取分立值。将其代入(4.1.1)式中，得到“色散关系”

$$\omega^2=\frac{4C}{M}\sin^2\left(\frac{ka}{2}\right) \quad 或 \quad \omega=\sqrt{\frac{4C}{M}}\sin\left(\left|\frac{ka}{2}\right|\right) \tag{4.1.2}$$

求解方程(4.1.2)时，要考虑到边界条件。假设一个包含有 N 个原胞 $\left(s=-\frac{N}{2},1-\frac{N}{2},\cdots,-1+\frac{N}{2},\frac{N}{2}\right)$ 首尾相接的环状链，它包含有限数目的原子，保持所有原胞完全等价。由于考虑到循环数为 N ，振子链首尾相接，即第 $\frac{N}{2}$ 与 $-\frac{N}{2}$ 相连，相当于无限长振子链。利用周期性边界条件，即 $u_{-N/2}=u_{N/2}$ ，显然只有在 $\frac{kNa}{2}=n\pi$ 时成立，其中 $n=0,\pm1,\pm2,\cdots$ ，取整数。这样可以得到 $k=\frac{n}{N}\cdot\frac{2\pi}{a}$ 。

图 4-1-2 给出了一维单原子链系统振动频率随波矢量的变化关系，图中通过−0.5 和 0.5 的两条竖线对应着第一布里渊区。链上有 N 个原子，可允许有 N 支波存在。亦即，一维链上原子一维运动的自由度数为原子数。若 $k=\pm\pi/a$ ， ω 取最大值： $\omega=\sqrt{\frac{4C}{M}}$ 。当 k 接近零时，有

$$\omega\approx\sqrt{\frac{C}{M}}ka=\sqrt{\frac{Ca}{M/a}}k=\sqrt{\frac{Ca}{\rho}}k=kv_s \tag{4.1.3}$$

其中 Ca 为链的伸长模量， ρ 为一维链的线密度， v_s 可看成波速。

由于色散关系 $\omega(k)$ 的周期对称性，其周期为 $2\pi/a$ ，即 $\omega(k)=\omega(k+2\pi/a)$ 。若考虑 $k=\pi/2a$ 和 $k'=k+2\pi/a$ 的点，其对应的波长为 $\lambda=4a$ 和 $\lambda'=4a/5$ ，如果后者存在的话，其振动必如图 4-1-3 所示。由

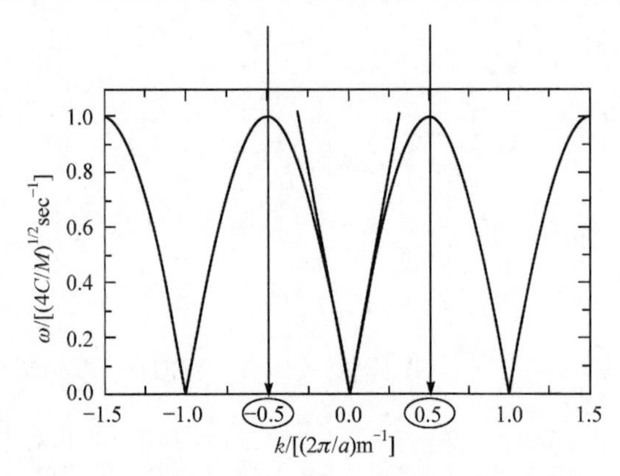

图 4-1-2　一维单原子链振动频率随波矢量的变化关系

于原子质量集中在离子实，所以对格点振动有贡献的是离子实，两离子实之间的振动在物理上是没有意义的。即 $\lambda' = 4a/5$ 的振动是没有物理意义的。假如有这样的波存在，那么它与 $\lambda = 4a$ 的波在物理上是不可分辨的。换句话说，在晶格中具有物理意义的波长仅存在于 $-\pi/a < k < \pi/a$ 的区间内，负号表明行波方向相反，由于左行波与右行波是等价的，因而 $\omega(k)$ 具有关于原点的对称性，而这正是一维晶格的第一布里渊区。在布里渊区边界 $\pm\pi/a$ 处，正好满足布拉格条件。

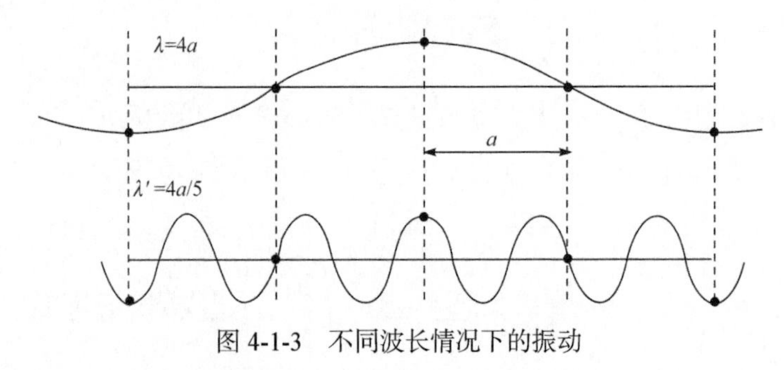

图 4-1-3　不同波长情况下的振动

4.1.2　一维双原子链的振动

如果一维链中含有两种不同原子，每个原胞中包含两个原子，质量分别为 M_1, M_2。共 N 个原胞 $(-N/2,\cdots,0,\cdots,N/2)$，如图 4-1-4 所示。则运动方程是

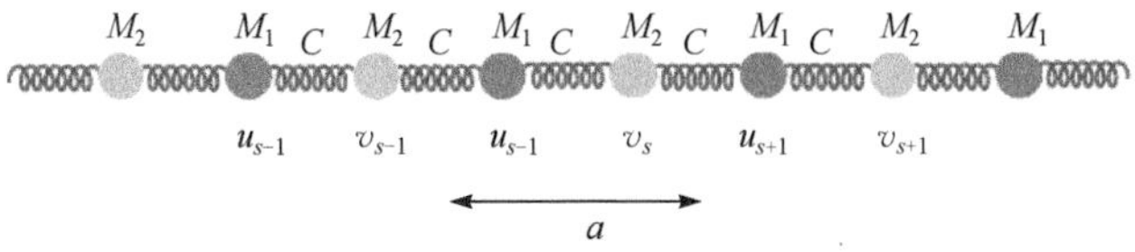

图 4-1-4　一维双原子链示意图

$$
\begin{aligned}
M_1 \frac{\mathrm{d}^2 u_s}{\mathrm{d}t^2} &= C\left(v_s + v_{s-1} - 2u_s\right) \\
M_2 \frac{\mathrm{d}^2 v_s}{\mathrm{d}t^2} &= C\left(u_s + u_{s+1} - 2v_s\right)
\end{aligned}
\tag{4.1.4}
$$

令(4.1.4)式的试探解为

$$
u_s(t) = u\exp\left[i(skx - \omega t)\right], \quad v_s(t) = v\exp\left[i(skx - \omega t)\right]
$$

同样令 $s = -\frac{N}{2}, 1-\frac{N}{2}, \cdots, -1+\frac{N}{2}, \frac{N}{2}$。应用周期性边界条件：$u_{-N/2} = u_{N/2}$ 和 $v_{-N/2} = v_{N/2}$，k 只能取值：$k = \frac{2\pi}{Na} n$，其中 N 取整数，$n = -N/2, 1-N/2, \cdots, N/2-1, N/2$。将两个试探解代入到(4.1.4)式中，可以得到

$$
\begin{pmatrix}
2C - M_1\omega^2 & -C\left[1+\exp(-ika)\right] \\
-C\left[1+\exp(ika)\right] & 2C - M_2\omega^2
\end{pmatrix}
\begin{pmatrix} u \\ v \end{pmatrix} = 0
$$

上式矩阵的本征值方程为一维振子链的色散方程

$$
\omega^4 - 2C\omega^2\left(\frac{1}{M_2} + \frac{1}{M_1}\right) + \frac{4C^2}{M_2 M_1}\sin^2\left(\frac{ka}{2}\right) = 0 \tag{4.1.5}
$$

求解上式的色散方程，得到

$$
\omega^2 = C\left(\frac{1}{M_2} + \frac{1}{M_1}\right)\left(1 \pm \sqrt{1 - \frac{4M_2 M_1}{\left(M_2 + M_1\right)^2}\sin^2\left(\frac{ka}{2}\right)}\right) \tag{4.1.6}
$$

可以看出这是两支格波：低频的一支称为声学支，如图 4-1-5 所示的下方分支；高频的一支称为光学支，如图 4-1-5 所示的上方分支。在 $k = \pi / a$ 时，两个分支频率分别为

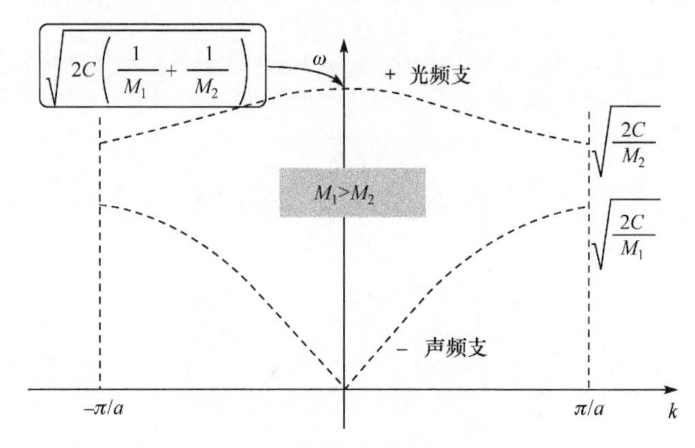

图 4-1-5　光学波与声学波

$$\begin{cases}\omega_o=\sqrt{\dfrac{2C}{M_2}}\\[2ex]\omega_p=\sqrt{\dfrac{2C}{M_1}}\end{cases}\tag{4.1.7}$$

在$k=0$附近，

$$\frac{4M_2M_1}{\left(M_2+M_1\right)^2}\sin^2\left(\frac{ka}{2}\right)\approx\frac{4M_2M_1}{\left(M_2+M_1\right)^2}\left(\frac{ka}{2}\right)^2\approx 0$$

可将(4.1.6)式根号部分按照k^2展开，得到长声学波频率为

$$\omega_p=\sqrt{\frac{C}{2\left(M_2+M_1\right)}}ka\tag{4.1.8}$$

上式表明，长声学波频率正比于波数，这是和弹性波情况$\omega_p=v_pk$相似。比较两式可以得到长声学波的波速为

$$v_p=a\sqrt{\frac{C}{2\left(M_2+M_1\right)}}$$

也可以写为

$$v_p=\sqrt{\frac{Ca}{\dfrac{2\left(M_2+M_1\right)}{a}}}=(\text{伸长模量/密度})^{1/2}\tag{4.1.9}$$

对于长声学波频率，当$k\to 0$时，$\omega_p\to 0$，因此有$u/v=1$。这说

明两种原子的运动是一致的,振幅和相位没有差别,类似一个粒子运动,再向其他原胞传播。运动图像如图 4-1-6 所示。在一个波长内，M_1, M_2 作同方向运动，犹如一个粒子。

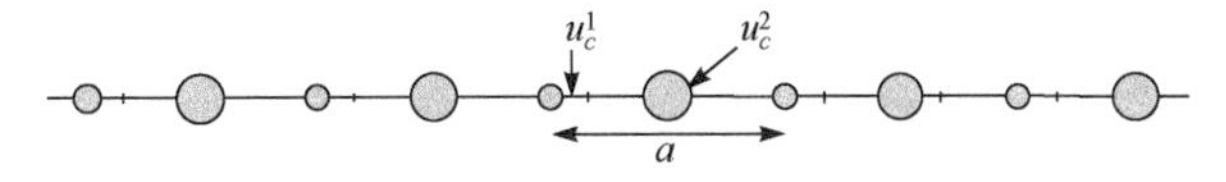

图 4-1-6　长声学波振子的运动

另一是光学支，即图 4-1-5 所示的上方分支。当 $k \to 0$ 时，光学支频率为

$$\omega_o \to \sqrt{2C\left(\frac{M_1+M_2}{M_1 M_2}\right)}$$

这时有 $\dfrac{u}{v}=-\dfrac{M_2}{M_1}$，这说明原胞内两个原子振动有完全相反的相位，两个原子相对运动，运动中保持它们的质心不动，如图 4-1-7 所示。

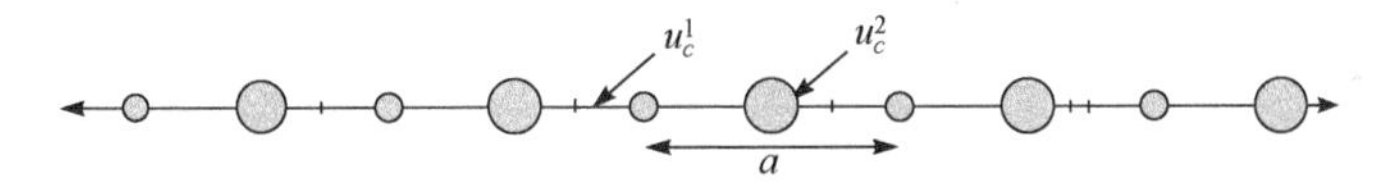

图 4-1-7　光学支两个原子的运动情况

上述结果可以综述于图 4-1-8 中。直观物理图像,声学支是原胞 a 内两个原子近似一个原子运动，再向其他原胞传播。而光学支则是原胞内

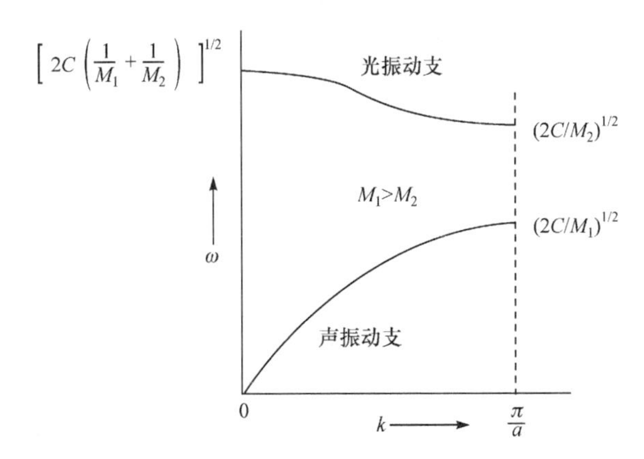

图 4-1-8　光学波与声学波

两个原子相对运动(类似 a 内振动)，再向其他原胞传播。链上总共有 $2N$ 个原子，光学支与声学支总共也是 $2N$ 支波。若一维链上有 N 个原胞，每个原胞中有 m 个不同原子，我们同样可以证明，链上共有 mN 个一维运动的原子，形成 mN 个波。

4.1.3　固体和液体的振动

对于原胞中包含 p 个原子的三维晶体，类似于(4.1.1)式和(4.1.4)式的运动方程式为 $3p$，3 来自于每个原子在空间的运动有 3 个自由度，相应的格波解有 $3p$ 个。对于 $p=1$ 的简单晶格，与一维单原子链类似，只有声学支。不同之处在于，在一维单原子链中，只有 1 个自由度，相应有 1 个声学支，原子振动的方向与波传播的方向一致，称为纵声学支(longitudinal acoustic branch，LA)。现在除去纵波外，还可能有两个原子振动方向与波传播方向垂直的横声学支(transverse acoustic branch，TA)存在。对于纵模和横模，原子间相互作用的力常数是不同的，LA 和 TA 通常并不兼并。对于单原子链，或实际晶体在某些对称方向，两支 TA 模是兼并的。

对于 $p>1$ 的复式晶格，类似于双原子链，除声学支外还有光学支，在 $q=0$ 处有非零的振动频率 ω。自然除去纵光学支(longitudinal optical branch，LO)外，还有横光学支(transverse optical branch，TO)。在 $3p$ 支中，除 3 个声学支外，其余 $3p-3$ 均为光学支。

在理想晶体点阵中，每个格波都是自由传播的，是独立运动的自由度。每个格波的能量都可连续变化。用量子力学求解 N 个分子构成点阵的运动，也可以得到 $3N$ 个波解，但每个波都是“量子化”的，每个格波的能量只能是其最小能量(“声子”) $h\nu_{ki}$ 的整数倍，ν_{ki} 是该格波的频率。单纯从热力学角度 (只看大量分子热运动)，我们可将固体看成“声子气体”，每个格波都可看是声子气体的组元，格波的能量就相当于气体分子运动的能量。由于晶体中相近原子或分子间还存在较弱的“非简谐”相互作用，以及存在大量杂质、缺陷、晶界等，破坏了晶格周期性，不同格波之间能量也可转换，可看成声子间(类似于气体中自由运动分子的)“弹性散射”过程。因而在经过“极短时间”后，总能量在不同格波间“均分”。从热力学角度看，固体可看成有固定体积的“声子气体”。

液体不是物质固体态与气体态的过渡，而是在一定热力学参数(温度、压强)范围内独立的“物态相”。液体可以看成是分子密集堆砌而成，每个分子都处于一个“平衡位置”，相邻两分子只能有极微小、可持续的相对移动。因此液体体积保持不变，但宏观形态可以变动(如可流动等)。分子也可以围绕其平衡点振动，当然由于分子间相互作用，不同相邻分子的振动也有耦合，形成不同频率、波长、模式的波，有的波可传播很远，有的也可以较局域。我们可能较难写出所有波的具体表达式，但从分子的力学运动方程(牛顿运动方程或量子力学薛定谔方程)可以看出，不论振动解是何种形式，频率和波长如何分布，独立振动解或独立运动自由度总数应该是基本不变的。非晶态固体与液体情况较接近，也是由分子无序堆砌而成，相邻分子有可能做微小的相对移动。

因此，在通常热力学讨论的范围内(温度在几千度以内，压强在几百或几千大气压以下)，不论是气体、液体或固体，都可以看成是充分多 (相当于分子总数，或数倍于分子总数) 运动的“准粒子”集合。每个准粒子相当于一个自由度，自由度总数不变，但各个自由度的运动是混乱的，彼此之间存在着耦合，并通过耦合可以传热。在众多自由度中，有一支“类声波”，即 $\omega(k\to 0)\to 0$，对热贡献最大。如果不计膨胀，固体或液体热力学与固定体积气体热力学是等价的，可以用气体热力学的分子运动图像来理解固体或液体中热力学过程和基本定律。

4.2　固体和液体热力学与气体热力学的关系

4.2.1　物体的热能

本书一开始就指出，物体的“热能”是构成物体所有分子、原子无序“机械运动”能量的总和。如果不计“核能”，则物体内部原子、分子的能量，即所谓“内能”，主要包括两大部分：化学能与热能。前者是原子结合成分子或结合成固体或液体的“结合能”。在大多数情况下，单个分子的结合能比该分子机械运动的能量大很多，而且是确定的数值。举一个例子：由两个氢原子结合成氢分子的结合能是 4.49eV，而温度为 300K 的氢气中单个氢分子的平均动能是 0.026eV。热力学只讨论物体系统中涉及热能的变化规律，如果热力学问题涉及化学反应，则化学反应能的吸收或放出可以看成热能的“漏”或“源”。当然上述“结合能”还可分成由自由原子结合成自由分子的结合能量(在气体中的分子)，以及由这些分子结合成固体、液体的结合能(相变涉及的潜热)。我们前面也已指出，物体处于不同的“物态”(气体、液体或固体)，其中分子、原子处于不同的结合状态，物体宏观状态也很不一样，但所有原子、分子机械运动自由度总数却是不变的(或者由于某些特殊原因，有相对极小的差别)。例如，晶体冰块中格波的总数与冰块变为水蒸气中水分子力学运动自由度的总数是相同的。物体的热能就是这些力学运动自由度运动能量的总和。由于原子、分子数量巨大，各自由度相互作用(碰撞)，其间能量频繁交换，使得各自由度平均能量都相等(能量均分)。对照理想气体情况，不论物体处于固态、液态或气态，我们都可以用其中“最接近经典力学运动”自由度上的平均能量来定标该物体的“温度”。在气体中，这种“最接近经典力学运动”自由度就是分子平移运动自由度；对于温度不特别低的固体或液体说，就是频率最低的声频波分支，或纵波分支。

在固体或液体中，原子或分子的运动遵循量子力学规律，每一格波能量变化都是“量子化”的，或者说都只有整数个该模式的“声子”。$\varepsilon=\frac{1}{2}k_BT$ 可以看成是在绝对温度 T 时，分子热运动的平均能量。如果某一格波模式的“声子”能量远小于 $\frac{1}{2}k_BT$，则此格波模式中可以存在多个声子，格波的平均能量是 $\varepsilon=\frac{1}{2}k_BT$，最低频的声频波分支就是这种情况。如果格波模式的“声子”能量大于$\frac{1}{2}k_BT$，则此模式不能被温度激发，或者称之谓被“冻结”。容易证明，任何固体或液体中总有几支“低频波”，其频率随波长的增加(长波极限)趋于零。因此，即使在较低温度下，固体或液体中也还是有充分多自由度参加热运动，当然也还有部分自由度是冻结的。在通常情况下，固体或液体中不是所有格波都参与“热运动”。类似于气体中的分子，固体成液体中的能量也迅速在参与热运动的格波模式之间转换。这就是为什么对固体或液体来说，热能的概念、热力学基本物理图像和物理规律与气体是一样的。

4.2.2　物体的比热及热力学第一定律

我们已经指出，在固体或液体中，原子、分子的间距及排列是由相邻原子、分子的相互作用势决定的。在通常条件下(即温度在数千度、压强在数千大气压以内)，固体和液体的体积可以认为不受压强的影响，温度变化对体积的影响可以用热膨胀系数来修正，不必考虑这么小的体积变化对外做的功。因此，对一定量的固体或液体，热力学状态也就是格波的“平衡态”或“能量均分态”。物体的宏观热力学参数只有温度T。物体的热能是热力学状态的函数，也就是温度的函数：$U(T)$。固体或液体热能的变化只能是与外界的传热过程。

以上的讨论是为了使我们了解热能的本质，以及了解如何度量和传递热能。热能度量的单位还应该是一般能量度量单位，即焦耳、卡路里、千卡等。由于固体或液体可以和气体达到热平衡，因而其热力学状态的温度与前面气体温标是一致的。当然，对绝大多数固体或液体，近独立运动自由度或格波的计算都极其困难，甚至是近乎不可能的，也无法确切估计有多少自由度被“热冻结”。一般定义单位质量物质温度升高1K 所需的热能为该物质的“比热容”C。如果仍用摩尔来度量物质的量，则相应引入“摩尔热容量”C_m。显然，摩尔热容量是温度的函数：$C_m(T)$，它是容易被测量的。但如果温度充分高，固体中所有的格波自由度都参与热运动，亦即每个粒子都完全参与振动。N个粒子共$3N$个振动自由度，摩尔热容量 C_m 应该是 $\frac{3R}{2}$。表 4-2-1 给出一些固体材料在 300K 时的 C_m 值。这里定义的热容量与气体的定体热容量含义是一致的。在表 4-2-1 中，温度相对较高时，金属的 C_m 值略高于 3，这是因为除金属离子在格点上振动外，部分“自由电子”的平动自由度也参与了热运动(但大部分“自由电子”被冻结)。另外从表中也可看出，金刚石、硼和硅的大部分格波在室温下仍被冻结。要到 1000℃以上，金刚石的 C_m 值才达到 3。

表 4-2-1　固体的摩尔热容量　　(单位：cal/(mol · K))

物质	铝 Al	金刚石 C	铁 Fe	金 Au	硅 Si	铜 Cu
C/R	3.09	0.68	3.18	3.2	2.36	2.97
物质	锡 Sn	铂 Pt	银 Ag	锌 Zn	硼 B	
C/R	3.34	3.16	3.09	3.07	1.26	

物体(不论是固体、液体或气体)的热能都只与温度有关。由热容量(对气体，则是定体热容量)就可以求得物体的热能：

$$U(T)=\nu\int_0^T C_m(T)\mathrm{d}T \tag{4.2.1}$$

其中 ν 是物体的摩尔数。如果要将物体由温度 T_1 提升至温度 T_2，要供给的能量或热量至少应为

$$E(T_2,T_1)=\nu\int_{T_1}^{T_2} C_m(T)\mathrm{d}T \tag{4.2.2}$$

如果不考虑固体或液体的介电性质、磁化性质或弹性形变，从热力学的角度，固体或液体也可看成是系统中气体热量的源或漏，给出热量源或漏的度量，但温度与气体温度相等。对固体及液体：$E(T_2,T_1)=Q$。

总之，不论对气体、固体或液体，热能都是分子、原子机械运动的能量总和，热能被参与热运动的自由度所均分，因而温度的概念对物质三态都是一样的。热力学第一定律都可写成：

$$\Delta U=-p\Delta V+Q \tag{4.2.3}$$

只是固体或液体物态方程为 $V=$ 常数，即在对固体或液体的(4.2.3)式中，ΔV 始终取成零。

例 4.1　在大气压强 $p_0=1.013\times10^5\text{Pa}$ 下，有 $4.0\times10^{-3}\text{kg}$ 酒精沸腾变为蒸气。已知酒精蒸气的比容(单位质量的体积)为 $0.607\text{m}^3/\text{kg}$，酒精的汽化热为 $l=8.63\times10^5\text{J/kg}$，酒精的比容 v_1 与酒精蒸气的比容 v_2 相比可以忽略不计，求酒精热能的变化。

解　酒精气化吸收的热量为

$$Q=ml=4.0\times10^{-3}\times8.63\times10^5=3452\text{J}$$

气化过程中系统对外界做的功

$$A=p\Delta V=1.013\times10^5\times0.607\times4.0\times10^{-3}=245.96\text{J}$$

所以，酒精热能的变化

$$\Delta U=Q-A=3452-245.96\approx3.2\times10^3\text{J}$$

4.2.3　熵及热力学第二定律

为了引入固体或液体热力学状态熵的概念及物理意义，我们必须先对照气体状态熵的物理图像。气体分子运动可分成整体有序运动及无规则运动两部分。热能度量总的分子运动能量，熵度量气体热力学状态分子无规则运动的“无序度”。分子在确定的外界约束(如固定体积，外界不与气体交换能量)下，气体的热力学状态是稳定的，不会自动改变。气体热力学状态的变化是由与外界交换能量所引发的。交换能量有两种方式：一是无规则热能的直接传送，即热传导过程；二是部分无规则运动与有序运动的转化，即做功。后者涉及有序运动，不改变气体的无序度，不改变气体的熵，而前者直接引起气体熵的变化，即

$$\mathrm{d}Q=T\mathrm{d}S \tag{4.2.4}$$

$\mathrm{d}Q$ 是传入气体的热量。固体或液体内格波运动的复杂性，使人很难想象如何度量其中分子热运动的无序程度，而它们又能直接与气体传输热量，引起气体由(4.2.4)式给出的熵的变化。因此很容易由该式的负值给

出固体或液体熵的变化，再由绝对熵为零的约定，就得到热力学状态的熵值。同样也可将熵的概念和取值推广到固体和液体的局域平衡态，只是和温度、热能密度等强度量一样，物体的熵密度也可以是不均匀的，是空间坐标的函数。

在外界条件确定下，均匀固体或液体的热力学状态是稳定的，不再变化。又由于体积不变及(4.2.4)式，作为态函数的热能 U 及作为态函数的熵 S 都不再给出状态新的信息。熵密度的引入，主要对分析局域平衡态的变化是有重要意义的。但从严格意义上讲，“分析局域平衡态的变化”已进入“非平衡态热力学”或“非平衡态统计物理”的范畴。

人类所有的经验都表明，在有热能参加的宏观物体的变化(描述宏观物体状态的热力学参数的变化)是有方向性的。最简单的例子是两个相同、孤立但温度不同的物体，一旦相互接触后，热量只能从高温物体向低温物体流动，或两物体的温度差只能减小。反向过程是不会出现的。但是，在热力学中，均匀物体状态是具有一定参数的热力学状态。在固定的外界条件下，热力学状态不改变，即通常说的平衡态。物体热力学状态只在外界对物体作用，或外界状态改变时才变化。简言之，物体热力学状态的变化取决于外界供给物体热量或做功。就均匀物体本身来说，谈不到状态变化的方向性。将热力学状态推广到局域平衡态，用以描述仍可宏观描述的物体非均匀状态。例如，上述两个相同、孤立但不同温的物体，不论是否接触，都可看成是一个局城平衡态。热力学只能描述物体的平衡态或局域平衡态。平衡态变化的热力学过程是外界对物体作用的过程，而局域平衡态是可以自发变化的，无须外界的作用(孤立系)。人们所看到的客观世界中的定向变动，实际上都是局域平衡态的变化。1850 年，克劳修斯首先提出热力学第二定律的表述就是：不可能将热量从低温物体传向高温物体而不引起其他变化。1851 年，开尔文提出热力学第二定律的另一种表述是：不可能从单一热源吸取热量，使之完全变为功而不产生其他影响。后者实际上是将高、低温两个热源和工作气体看成一个局域平衡态系统。

对于系统的任一局域平衡态，假设熵与热能、体积及各组元摩尔数之间的关系仍然成立，即

$$TdS = dU + pdV - \sum_i \mu_i dN_i \tag{4.2.5}$$

对上式可以这样理解，对局域平衡态而言，熵仍然是热能、体积、组元的函数，并且保持与平衡态时相同的微分关系。因此，可以用来表示局域平衡态的熵。

热力学第二定律对不可逆过程有

$$dS > \frac{dQ}{T_e} \tag{4.2.6}$$

其中T_e代表热源(或环境)的温度。把上式用到局域平衡态，并把它改成等式的形式：

$$\begin{cases} dS = d_e S + d_i S \\ d_e S = \dfrac{dQ}{T_e} \\ d_i S > 0 \end{cases} \tag{4.2.7}$$

其中$d_e S$代表由于小块从周围吸收热量而引起它的熵的改变，这部分可正可负：正表示从周围吸热；负表示向周围放热。下面将会看到，这一项可用熵流来表示。与$d_e S$不同，$d_i S$代表由于不可逆过程在小块内产生的熵，这一项是恒正的，仅对于可逆过程有$d_i S = 0$，这时有

$$dS = d_e S = \frac{dQ}{T_e}$$

定义熵产生率θ如下：

$$\theta \equiv \frac{\partial_i s}{\partial t} \tag{4.2.8}$$

θ代表单位时间、单位体积内的熵产生。这里使用小写的s代表单位体积的熵，即熵密度，因此小块的熵S就是$S = Vs$，V是小块的体积。一般来说，熵密度是坐标r与时间t的函数，即$s = s(r,t)$。熵产生率中对

时间偏微商是指对某固定的 r 而求的。

如果不考虑局域平衡态的变化，则(4.2.7)式可以用熵密度的变化来表示，考虑 dt 事件内的变化率，则有

$$\frac{\partial s}{\partial t}=\frac{\partial_e s}{\partial t}+\frac{\partial_i s}{\partial t} \tag{4.2.9}$$

上式右方第一项由于小块从周围吸收热量引起的变化，可以表达为

$$\frac{\partial_e s}{\partial t}=-\nabla\cdot J_s \tag{4.2.10}$$

其中 J_s 为熵流密度。因此，(4.2.9)式可以写为

$$\frac{\partial s}{\partial t}=-\nabla\cdot J_s+\theta \tag{4.2.11}$$

上式通常被称为熵平衡方程。但是它不同于一般的守恒定律，因为方程右边多了一项熵产生率 θ，有时 θ 也被称为熵源强度。

如果所研究的是流体，还要考虑质量守恒定律和动量守恒定律。动量守恒定律比较复杂，这里不予考虑，质量守恒定律可以写为

$$\frac{\partial n}{\partial t}+\nabla\cdot J_n=0 \tag{4.2.12}$$

其中 n 代表粒子数密度，J_n 为粒子流密度(也可以用质量密度和质量流密度来表达)。

当系统处于非平衡态的时候，系统内一般存在温度梯度、化学势梯度、电势梯度等，从而可以引起能量、离子和电荷的迁移，被称为输运过程。实际上，当梯度不太大的时候系统对平衡态的偏移不大，处于非平衡态的线性区，因此由梯度引起的各种“流”与梯度成正比。通常称这些热力学梯度为热力学力。当然，这些线性关系仅仅适用于热力学力比较小的情形，实际上，流与力之间存在更为复杂的交叉效应。例如，温度梯度不但可以引起热流，还可以引起扩散流；浓度梯度可以引起热流；导体中的电势流同样可以引起热流；温度梯度引起电流等。这些都是交叉效应。

流与力的更一般的表达形式可以写为

$$J_k = \sum_{\lambda=1}^{m} L_{k\lambda} X_\lambda \tag{4.2.13}$$

其中 $J=(J_1,J_2,\cdots,J_m)$ 表示热力学流有 m 个分量，相应的热力学力 X 也有 m 个分量 $(X_1,X_2,\cdots,X_m)$，L 为动力学系数。如果把上式写为矩阵形式

$$J=\begin{bmatrix} J_1 \\ J_2 \\ \vdots \\ J_m \end{bmatrix}=\begin{bmatrix} L_{11} & L_{12} & \cdots & L_{1m} \\ L_{21} & L_{22} & \cdots & L_{2m} \\ \vdots & \vdots & & \vdots \\ L_{m1} & L_{m2} & \cdots & L_{mm} \end{bmatrix}\begin{bmatrix} X_1 \\ X_2 \\ \vdots \\ X_m \end{bmatrix}=\hat{L}\cdot X \tag{4.2.14}$$

那么系数 L 构成的矩阵中，对角元表示的是线性关系，而所有的非对角元反映的是交叉效应。

4.2.4　热力学的基本规律

至此，我们已经很明确，在通常热力学范围内(不考虑其他一些物性与热能的直接联系，如介电性质、体积膨胀等)，固体或液体的热力学行为与气体类似，只是体积不变，因而不对外界做功，只有热量的输入、输出。

如果考虑的是均匀物体的热力学过程。物体热力学状态的变化可以认为完全是由外界对物体的作用引起的，而外界的作用可归于外界传输给物体的热量(热量取负值表示从物体抽走热量)Q，以及外界对物体做功(同样，负值功表示物体输出功)A。输入热量或外界对物体做功都可以引起瞬间物体分子层次状态(如分布函数)的变化，由于内部分子碰撞(或自由度之间能量的传输过程)在其后 10^{-9}s 左右物体即逼近“局域平衡态”。因此可以认为，传热或做功直接将物体带进新的局域平衡态。物体从局域平衡态到近平衡态可能需要比较长的时间，是宏观可观测的，或者在此过程中有足够量的热量及功涌入。气体最终达到的热力学状态可能与加热或做功过程有关。因此，以往人们大多强调足够慢的“准

静态过程”。当然，如果气体内部运动非常混乱，如激烈的对流或湍流，则也可以忽略局域平衡逼近平衡态的时间。对于固体或液体，物体热能变化只取决于热量的传入，而内部热力学参数的均匀化过程又都满足总能量守恒，物体最后达到的平衡态只与输入总热量有关。

对准静态过程的一个热力学元过程，热力学第一定律可表述为

$$\Delta U = \Delta A + Q \tag{4.2.15}$$

ΔU 是元过程气体热能的增加量，$\Delta A = -p\Delta V$ 是外界对气体做功，Q 是外界传给气体的热量。热能 U 是物体热力学状态的函数，

$$U(T) = \int_0^T C_V(T)\,\mathrm{d}T \tag{4.2.16}$$

ΔU 被元过程的初态与终态完全决定。热力学第二定律引入物体热力学态函数“熵”，熵的变化由

$$\Delta Q = T\Delta S \tag{4.2.17}$$

或

$$T\Delta S = \Delta U + p\Delta V \tag{4.2.18}$$

所给出。对固体或液体，$\Delta A = 0$，$C_V(T)$即是比热容，通常由实验测量或查表得到。由(4.2.18)式，得到熵

$$S = \int_0^T \frac{C_V(T)}{T}\,\mathrm{d}T \tag{4.2.19}$$

(4.2.16)式和(4.2.19)式给出固体或液体热力学的主要内容。

例 4.2　电阻丝把质量 $M = 1\mathrm{kg}$ 的水从 $t_1 = 20℃$ 加热到 $t_2 = 99℃$ (一个标准大气压下)，求：(1) 水的热能的变化；(2) 水的熵变。

解　(1) 水的热能变化

$$\Delta U = MC\Delta T = 1000\times 1\times 79 = 7.9\times 10^4\,\mathrm{cal}$$

(2) 水的熵变

$$\Delta S = \int \frac{MC}{T}\mathrm{d}T = MC\ln\frac{T_2}{T_2} = 239\mathrm{cal/K}$$

4.3　热平衡条件

系统的热力学平衡总是在一定的外界条件制约下达到的。以下讨论不同条件下的热平衡。

首先讨论孤立系统的热平衡。孤立系统是指不受外界影响的系统或物体。所谓不受外界影响是指外界既不向系统传送热量(正或负)，也不对之做功。因而系统的热能和体积都不会变化。其实这就是前面一直讨论的系统的热力学状态，以温度和体积为热力学参数，也就是所谓的“平衡态”。热力学只讨论平衡态。对均匀系统，熵也只定义在平衡态上。只要外界条件不变，系统热力学参数不变，热力学状态就不会变。若外界对系统的某一部分有一微小作用传热或做功，根据热力学第二定律，系统最终在新的平衡态停留。

假设热力学系两部分 A 和 B 分别处于平衡态(对总系统来说是局域平衡态)，温度分别是 T_A 和 T_B。两个系统热接触后，有热量 $\mathrm{d}U>0$ 从 A 传至 B，引起 A 系统熵 S_A 的变化是

$$\mathrm{d}S_A=-\frac{\mathrm{d}U}{T_A}$$

同时引起 B 系统熵 S_B 变化为

$$\mathrm{d}S_B=\frac{\mathrm{d}U}{T_B}$$

若 T_A 与 T_B 不相等，则 $A+B$ 总系统熵 S_{A+B} 变化为

$$\mathrm{d}S_{A+B}=\mathrm{d}S_A+\mathrm{d}S_B=\left(\frac{1}{T_B}-\frac{1}{T_A}\right)\mathrm{d}U$$

热力学第二定律要求孤立系 $A+B$ 总熵恒不减，因而要求：或者 $T_A>T_B$ 及 $\mathrm{d}U>0$，或者 $T_A<T_B$ 及 $\mathrm{d}U<0$。$A+B$ 达到热平衡态，总熵最大，则有

$$\mathrm{d}S_{A+B}=0,\quad T_A=T_B$$

也就是说，热力学第二定律要求热量由高温物体传向低温物体，要使两个物体接触达到热平衡，就要求总系统处于温度相等的热力学平衡态。

其次讨论定温条件下的热平衡。在热力学中，所谓“大热库”是指热容量足够大的系统，以致它与通常有限大热力学系统交换热量后，其温度变化充分小而无法测到，可以认为它在与其他系统交换热量时保持温度不变。例如，相对于一小块金属，一大缸水可看成是一个大热库。

考虑热力学系统 B 与温度为 T 的大热库 B' 接触。若将 B 与 B' 合看成一超系统 B_S。合并后 B(保持体积不变)最终温度必达到 B' 的温度 T，这是热平衡态。B 的体积不变，则其热能变化 $\mathrm{d}U$ 只能是由 B' 传送热量 $\mathrm{d}Q=\mathrm{d}U$ 而引起，并有

$$\mathrm{d}S'=-\frac{\mathrm{d}U}{T}$$

由于 B_S 是孤立系，平衡态的熵应取极大值，对任意微小扰动

$$\mathrm{d}S_S=(\mathrm{d}S+\mathrm{d}S')=0$$

由此得到 B 系熵的微小变化：

$$\mathrm{d}S=\frac{\mathrm{d}U}{T} \quad 或 \quad T\mathrm{d}S-\mathrm{d}U=0$$

由于 T 是恒定的，我们有

$$\mathrm{d}(TS-U)=-\mathrm{d}F=0 \tag{4.3.1}$$

$F=U-TS$ 是热力学系统 B 的态函数，被定义为自由能。(4.3.1)式表明，在恒温条件下，热平衡态的自由能最小。

由公式(4.3.1)，我们得到

$$\Delta F=-p\Delta V-S\Delta T \tag{4.3.2}$$

如果以 T 及 V 作自变量 $F(T,V)$，则有

$$\left(\frac{\partial F}{\partial V}\right)_T=-p\,, \quad \left(\frac{\partial F}{\partial T}\right)_V=-S \tag{4.3.3}$$

最后讨论开放系统的热平衡。若热力学系统的分子总数固定，仅温度、压强或体积等变化，我们称之为闭合系统，相应的热力学第二定律为

$$T\Delta S = \Delta U + p\Delta V \tag{4.3.4}$$

引入吉布斯函数或称热力学势：

$$G = U - TS + pV \quad 或 \quad \Delta G = -S\Delta T + V\Delta p \tag{4.3.5}$$

由于 T 与 p 都是强度量，S 与 V 中分子数 N 成正比，因此ΔG 与分子总数成正比。(4.3.5)式可直接推广到开放系统，即系统与大分子源接触，在恒温恒压条件下分子数可变，$G = \nu\mu$，其中 ν 是系统的摩尔数，μ 是 1mol 的吉布斯势，称为“化学势”。对于开放系统，热力学第二定律写成

$$\mathrm{d}G = -S\mathrm{d}T + V\mathrm{d}p + \mu\mathrm{d}n \tag{4.3.6}$$

若热力学系统的温度与压强恒定(可以考虑是与一恒温恒压的大热源接触)，依据热力学第二定律，对于所有可能的变动，热力学平衡态的吉布斯函数最小：$\Delta G > 0$；亦即对平衡态 ΔG 展开到泰勒级数第二级：$\Delta G = \delta G + \dfrac{\delta^2}{2}G$；平衡态的稳定条件是：$\delta G = 0$，$\delta^2 G > 0$。

思 考 题

4.1　固体、液体和气体有什么不同？从热力学角度，它们又有什么相同之处？

4.2　如何理解热力学力？

4.3　一个为压缩氦气而设计的压缩机用来压缩空气时出现了过热现象，假设压缩机是近似绝热的，并且空气和氦气的初始压强相同，试解释这种现象？

4.4　不同系统的热力学平衡条件是什么？

习　题

4.1　一固体的密度为 ρ，质量为 M，线膨胀系数为 α，证明在压

强为 p 时热容量 C_p 与 C_V 之间有下面关系：

$$C_p - C_V = 3\alpha \frac{M}{\rho} p$$

4.2　如右图，物理实验中所用的一大型螺线管是由一中空的矩形导线绕成。导线的截面为 $4\text{cm} \times 2\text{cm}$，其中中空的流水冷却孔为 $2\text{cm} \times 1\text{cm}$。设此导线被绕了一层共 100 匝，绕成的螺线管共长 4cm，直径为 3cm (忽略了绝缘层的厚度)。在此螺线管的两端用两个钢质的圆盘相接并把此两钢盘用一钢质的圆筒相连，这样可以消除边缘效应使磁力线沿钢筒闭合。导线是铝制的。预期得到 0.25T 的磁场。

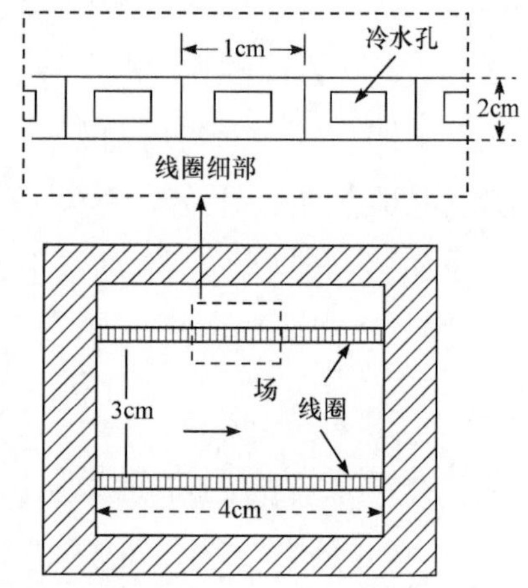

(1) 为产生要求的磁场需要有多少千瓦的电功率，电压必须有多高？

(2) 为了保持水温增高 40℃，冷却水的流量应为多大？假设焦耳热完全由水带走。

(3) 磁场作用在线圈上的压力是多大？

(4) 忽略电源的电感和电阻，计算把上述螺线管接上电源后，电流从 0 增加到设计值的 99% 需要多长时间？

4.3　有一半径为 R、温度为 T 的黑体球，向无穷远 $T = 0\text{K}$ 的无辐射背景辐射能量。

(1) 在接近球的表面处，用黑体材料做一层薄膜，辐射平衡时，求这层膜的温度和它对总辐射量的影响？

(2) 这附加膜是如何影响总辐射量的？(这是恒星为尘埃所屏蔽的一个粗糙模型)

4.4　一个半径为 r 的球形黑体，温度为 T，被半径为 R 的同心球壳包围，球壳两边均为黑体。试证这个辐射罩降低球体冷却速度的比率由 $aR^2 / (R^2 + br^2)$ 确定，并求出系数 a 和 b (假设壳与物体间的空间被抽空，没有热传导损失)。

4.5　太阳常数(太阳在地球表面的辐射流)约为$0.1\mathrm{W/cm^2}$。假设太阳是黑体，求太阳的温度。

4.6　有两个全同的物体，其热能为$U = NCT$，其中C为常数，初始时两物体的温度分别为T_1和T_2。现在以两物体为高低温热源驱动一卡诺热机运行，最后两物体达到一共同温度T_f。

(1) 求T_f；

(2) 求卡诺热机所做的功。

4.7　有一高100m的拦水大坝，如果上下水的温差为10℃，试比较利用温差发电和落差发电分别从1g水中获得的能量。

4.8　温度为T(K)的建筑由一台理想热泵供热。该泵用温度为T_0的大气作为热源。泵耗功率W，建筑以$\alpha(T-T_0)$的速率损失热量。问：建筑的平衡温度是多少?

4.9　一个摩尔定压热容量C_p为常数、温度为T_i的物体，与温度为T_f的热源在等压下接触而达到平衡。求总熵变，并证明无论$(T_f - T_i)/T_f$的符号如何它总是正的。可假设$|T_f - T_i|/T_f < 1$。

4.10　电阻丝把质量为1kg的水从$t_1 = 20$℃加热到$t_2 = 99$℃(一个标准大气压下)，求

(1) 水的热能的变化；

(2) 水的熵变；

(3) 一热机工作于上述两温度的水之间，求最大输出功。

4.11　导热材料中有热流时，就会有熵增。对于给定导热系数κ和给定温度梯度的导热材料，求局域熵产生率。

4.12　忽略表面张力，求一带电肥皂泡的平衡半径r、电势V以及外压强与内压强之差Δp之间的关系。

第5章　相　　变

“相”是宏观物体在一定热力学参数下的存在形式。例如，在一个标准大气压下，水在0℃以下所有分子结成固体冰，在0℃以上至100℃以下，所有分子都处于液态中，这就是通常的水；在100℃以上所有水分子都可自由飞翔，成气态即水蒸气。固相、液相都是所有分子的结合体。但在固相中每个分子平均结合能与在液相中不同。此两相之间总的结合能之差，称为潜热。

5.1　相 变 简 介

5.1.1　相变过程

均匀物质在不同温度、压力或体积的热力学状态由相图表示。图5-1-1所展示的是水的p-T相图。在DB段的左方是固态水——冰，在DB段的右方是液态水，从左方横穿过DB到右方就是冰随着温度的升高融解成液态水的过程。在DB线上的点代表了液-固相共存的状态(我们将在以后讨论)。同样，DC线的右方是水的气相状态。从DC段的左方横穿DC段到右方即液态水沸腾成水蒸气的过程。图5-1-1中一个大气压的横虚线穿过DB线段即日常看到的冰融解过程；虚线继续右延到DC段，并在100℃时穿过DC，即日常的沸腾。线段AD是固态直接相变为气态，即升华过程。D点($p = 611$Pa，$t = 0.01$℃)比较特殊，在此点上固、液、气相都存在，称为三相点。C点($p = 221\times10^5$ Pa，$t = 374$℃)称为临界点，在临界温度以上不论压力多高，不再能区分液相与气相。其他物质也有类似的相图，如图5-1-2中的CO_2相图。必须指出，水的相图5-1-1与大多数其他物质(如CO_2的相图5-1-2)存在一明显差别，即水的固-液

相变曲线 DB 的斜率为负，温度愈高相变点压力愈低；而大多数物质(如 CO_2)固-液相变曲线斜率为正，温度愈高相变压力愈大。这是由于水的特性：在固-液相变点冰的密度比液体水的密度要低所致。有关水相图的一些特点在自然界中的重要意义，我们在以后还会论及。

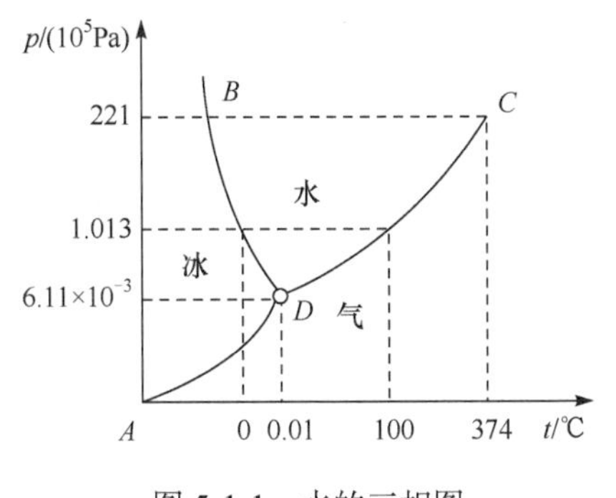

图 5-1-1　水的三相图

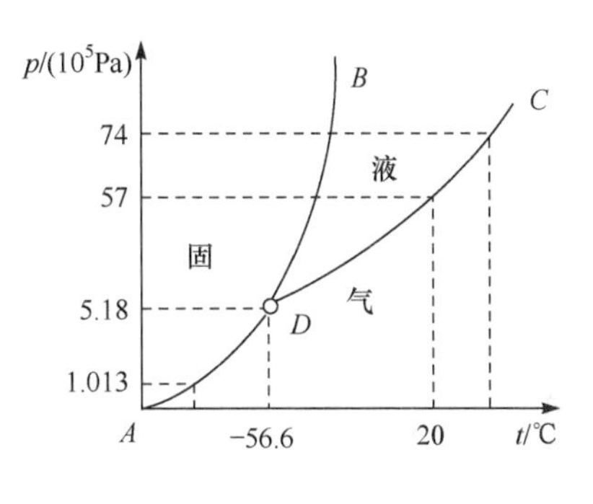

图 5-1-2　CO_2 的三相图

在我们所讨论的相变(通常称为一级相变，如固态、液态、气态间相变)范围内，由于所有分子或原子在不同相中的结合状态不同，结合能不同，在相变过程中必然要放出或吸收宏观大小的能量，称为潜热。表 5-1-1 给出一些物质的摩尔汽化热及沸点；表 5-1-2 给出一些物质的摩尔熔解热及熔点。以 1mol 固体银为例。若从低温加热到 1235 K，由于不能瞬间将 11.3MJ 能量输入，只能保持温度不变，逐渐将更多的部分银变为液相。因此，相变曲线上的点是表示两相共存，但两相比例可以改变。

表 5-1-1　一个标准大气压下一些物质的摩尔汽化热及沸点

物质	氯化氢 HCl	二氧化硫 SO_2	氧气 O_2	甲烷 CH_4	氮气 N_2
摩尔汽化热/(10^3 · J/mol)	16.16	24.54	6.825	8.166	5.569
沸点/K	188	263	90.2	112	77.3
物质	氨气 NH_3	水 H_2O	汞 Hg	钠 Na	铅 Pb
摩尔汽化热/(10^3 · J/mol)	23.35	40.68	59.03	91.28	192.6
沸点/K	240	373	630	1156	1887

表 5-1-2　一个标准大气压下一些物质的摩尔熔解热及熔点

物质	钠 Na	汞 Hg	银 Ag	铜 Cu
摩尔熔解热/(10^3 · J/mol)	2550	2340	11300	11300
熔点/K	370.7	234.1	1235	1356

若将两相合整个看成一个系统。两相热力学参数分别是 U_1,V_1,m_1 与 U_2,V_2,m_2。体系总热能、总体积及总物质量守恒，因此对于小的变动应有

$$\delta U_1=-\delta U_2,\quad \delta V_1=-\delta V_2,\quad \delta m_1=-\delta m_2 \tag{5.1.1}$$

体系处于平衡态，要求总熵变 $\delta S=\delta S_1+\delta S_2=0$ 。由

$$\delta S_1=\frac{\delta U_1+p_1\delta V_1-\mu_1\delta m_1}{T_1},\quad \delta S_2=\frac{\delta U_2+p_2\delta V_2-\mu_2\delta m_2}{T_2}$$

以及 $\delta U_1,\delta V_1,\delta m_1$ 任意，则要求

$$T_1=T_2,\quad p_1=p_2,\quad \mu_1=\mu_2 \tag{5.1.2}$$

(5.1.2)式是两相平衡的热平衡条件、力学平衡条件及相平衡条件。p-T 图上两相的相变曲线即固定总质量，由

$$\mu_1(T,p)=\mu_2(T,p) \tag{5.1.3}$$

决定。若平衡条件不满足，则 δS 应向大于零方向变化。例如，若 $\mu_1>\mu_2$，则系统应向 $\delta m<0$ 的方向变化。

全面理解一种物质的相变过程，还必须应用三维 p-V-T 相图，如图 5-1-3 所示。线段 $AGDBFE$ 所勾画出的曲面称为相变曲面 S，相变全部发生在此 S 曲面上。在 p-V-T 三维空间中，固定体积 V 的平面(二维 p-T 平面)与 S 面的截线(C-I-VI 线)就是图 5-1-1 的 p-T 相变曲线。现在我们看 S 面在固定压力(p= 常数)平面上的投影，即图 5-1-3 上的底部投影线段，称为 T-V 相变曲线，如图 5-1-4 所示。过程(1)输入热量加热固体；过程(2)输入热量补充潜热使固体逐渐全部熔化成液体，因此整个过程中温度不变，固态与液态相共存；过程(3)输入热量加热液体；过程(4)输入热量补充汽化热，使共存的液体与气体态中液体转化为气体，

相变过程中温度不变，整体体积由于气体量增加而增加；过程(5)是加热气体。物质在过程(2)及过程(4)中都处于两相混合。

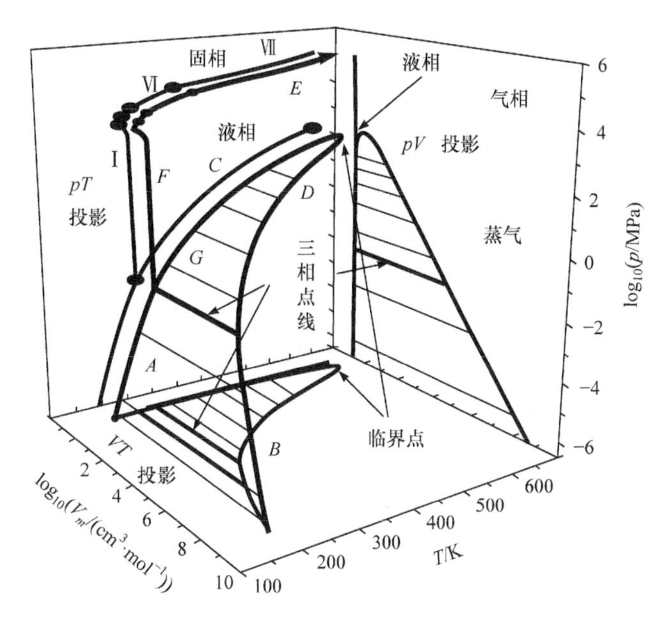

图 5-1-3　水的三维 p-T-V 相图

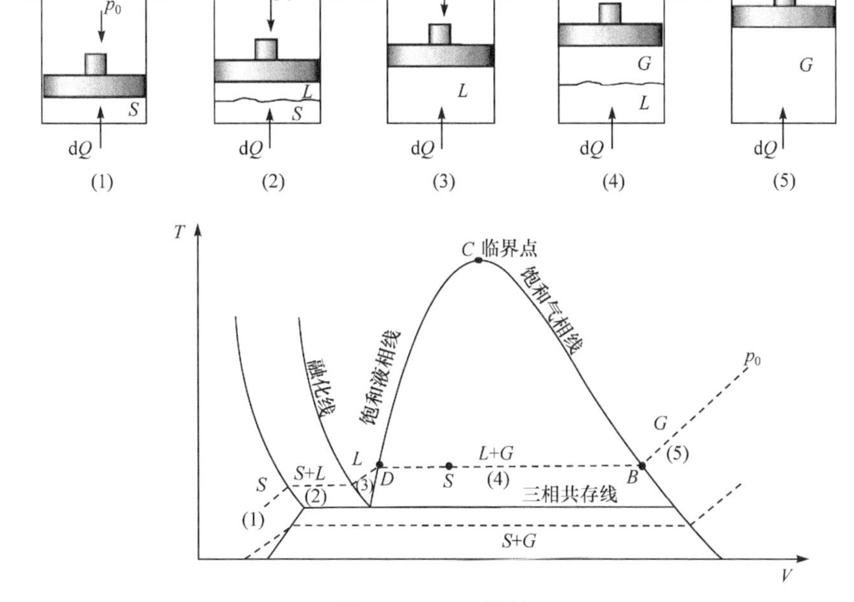

图 5-1-4　T-V 相图

5.1.2　多相共存

在固定压强的 T-V 图 5-1-4 中，过程(4)是一个等温的气化过程。这表明，在凝结压强 p_D 下，温度达到相变温度 T_D 时，系统可以处于 DB 上任一点 S，体积为 V_S。D 点系统完全处于液态，体积为 V_D；B 点是在压强 p_D 下系统完全处于气态，体积为 V_B。系统处于 S 点表明，有部分液体变为压强 p_D 的气体(外界已供给了这部分汽化热)，而共存的液体和气体的比例 g 即线段 DS 与 SB 长度之比：

$$g = \frac{V_S - V_D}{V_S - V_B} \tag{5.1.4}$$

或者，未气化液体的比例是

$$g_L = \frac{V_S - V_D}{V_B - V_D}$$

已气化气体的比例是

$$g_G = \frac{V_E - V_S}{V_E - V_D}$$

p_D 称为饱和蒸气压，气化的气体称为饱和蒸气。

当然，实际情况远比此复杂。设想，如果温度在 T_D 下的液体被升温达到 T_D 后，外界继续供给热量。若液体完全均匀，没有任何杂质或局域不均，则整体还不能完全变为气体，多输入的热量只能使液体温度继续升高，这就是“过热液体”。如果液体中存在一些杂质或有小的局域热不均匀，则围绕此局域附近的分子可能转化为气体，在液体中会出现很多小气泡。如果这种气泡太小，则不能继续长大，很可能就消失，但比较大的、超过一定“临界尺度”的气泡则可以继续长大，并最后逸出液体，堆积于液体之外，形成气相。这些气泡消耗的汽化热，使略微过热的液体不能继续迅速升温。我们看到，烧开水沸腾后继续加热，壶水中大量冒出蒸汽泡(特别在比较更热的壶壁附近)并逸出，直至水“烧干”，完全气化。同样，单相气体降温低于沸点后也不可能一下完全转化为液体，这就是过冷的蒸气。但若存在很多微颗粒，则气体分子可能附于其上，形成小的液滴。液滴继续加大最终滴落底部形成液相。这也就是在云中喷洒某些粉尘促雨的道理。

类似地，可以讨论固液共存态。考虑压强升高，图 5-1-4 中等压 T-V 图中气液共存线(过程(4))长度变短，气体和液体体积差愈来愈小。到达临界压强 p_C，相应 T-V 图上气液共存线缩成一点 C，温度为 T_C，气体和液体密度或体积的差别消除。T_C 称为临界温度，C 称为临界点。温度高于 T_C，只存在气体，则 T-V 图上只有气相线 BG。

分析两相平衡，通常用克拉珀龙方程。以 T，p 作为独立变量，在两相平衡曲线上两点(T, p)与$(T+\mathrm{d}T, p+\mathrm{d}p)$，如图 5-1-5。对此二点用相平衡条件，则

$$\mathrm{d}\mu_1 = \mu_1(T+\mathrm{d}T, p+\mathrm{d}p) - \mu_1(T, p) \tag{5.1.5}$$

$$\mathrm{d}\mu_2 = \mu_2(T+\mathrm{d}T, p+\mathrm{d}p) - \mu_2(T, p) \tag{5.1.6}$$

由 $\mathrm{d}\mu = -S\mathrm{d}T + V\mathrm{d}p$，得到

$$\frac{\mathrm{d}p}{\mathrm{d}T} = \frac{S_2 - S_1}{V_2 - V_1}$$

而 $Q = T(S_2 - S_1)$ 是在(T, p)点相变的潜热，则

$$\frac{\mathrm{d}p}{\mathrm{d}T} = \frac{Q}{T(V_2 - V_1)} \tag{5.1.7}$$

给出了在(T, p)平面上相平衡曲线的走向(克拉贝珀方程)。我们看到，相平衡曲线上的 $\frac{\mathrm{d}p}{\mathrm{d}T}$ 不仅取决于相变潜热取值 Q，且与两相体积差有关。对大多数材料而言，由固相熔化成液相，吸收潜热，体积增加，$\frac{\mathrm{d}p}{\mathrm{d}T} > 0$，这是正常情况。但冰、铋等少数物质，在相变点固态体积反大于液态体积，$\frac{\mathrm{d}p}{\mathrm{d}T}$ 为负。

在图 5-1-5 中，若压强下降，相应 T-V 图的液气共存线与固液共存线愈来愈靠近，降低到一定压强 p_3，二者取平相接，过程(3)消失，则存在的是气-液-固三相共存线。(p_3, T_3)称为三相点。在三相点之下($T < T_3$)，T-V 图中只存在气固共存线。

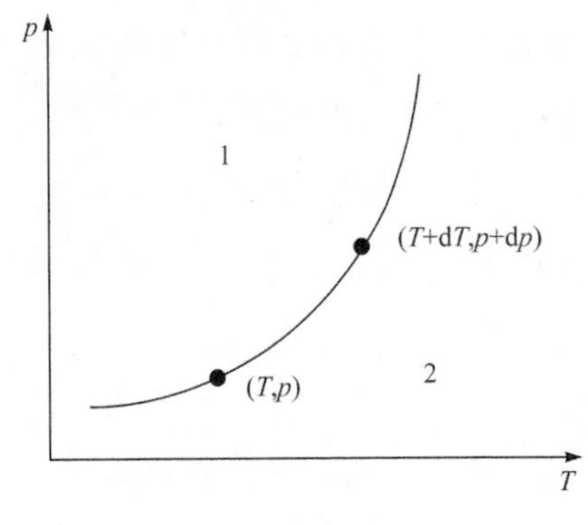

图 5-1-5 p-T 相图

5.1.3 蒸发与升华

在图 5-1-1 的相变点，只要供给潜热足够快，温度不变，物质从一个相整体突变至另一相。在非相变点，两相也可共存，一相逐渐缓慢地部分转化为另一相，这就是通常两相之间所谓的“蒸发”“凝结”“升华”“凝华”等过程。为叙述方便，我们以液体蒸发为气体为例，如图 5-1-6 所示。图 5-1-6(a)，桶上面无盖，液面上蒸发出的水汽由上方扩散离桶，蒸发将持续进行，液面逐渐下降。图 5-1-6(b)桶上面有盖，液面上水汽分子积累成有一定压强的水汽，由气体返回液体的分子数也随气压升高不断增加。当水汽压达到一确定值 p_S，蒸发与凝结达到平衡。p_S 称为温度 T 时的饱和蒸气压，记为 $p_S(T)$。在开口情况下(图 5-1-6(a))，由于扩散，液面上水汽分压始终低于饱和气压，蒸发持续进行。

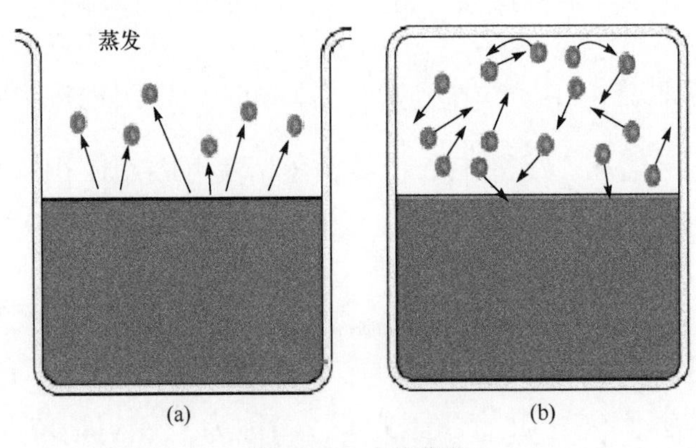

图 5-1-6 水的蒸发

图 5-1-7 给出饱和蒸气压 $p_S(T)$ 与温度的关系。从分子角度看，若温度 T 低于沸点，大气中水汽分压又很低，则水中热平衡格波中的高能格波有可能推动一些分子跃过液面，逃逸在空间，这就是蒸发过程。此过程中，液体高能格波失去能量，液体在极短时间内重新达到热平衡，则液体损失热能，使液体温度(至少液表面附近)微降。若水不断蒸发，液体整体温度也将略低于原外界温度。蒸发出的水分子也由于补偿气化能，剩余自由运动热能较少，导致在液面上气体热平衡后气体温度也将略降。这是夏日人们喷水降温及人体出汗降温的基本原因。

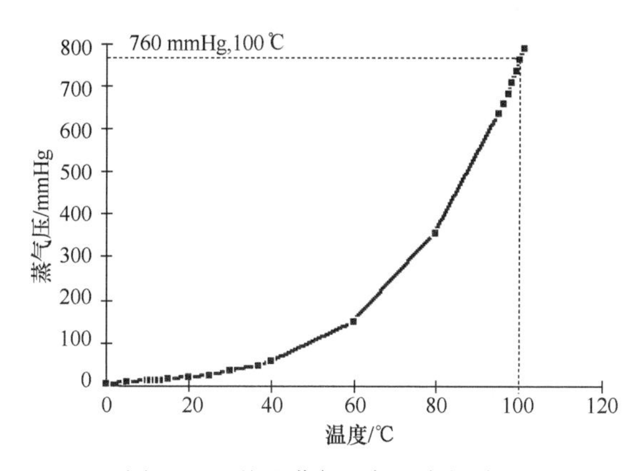

图 5-1-7 饱和蒸气压与温度的关系

由于饱和蒸气与液面下的液体是等温平衡的两相，液体与气体的化学势应该相等，因此可以利用克拉珀龙方程(5.1.7)来求 $p_S(T)$。若气体用准理想气体物态方程($pV = RT$)描述，并忽略液体的体积，则有

$$\frac{\mathrm{d}p_S}{\mathrm{d}T} = \frac{p_S Q}{RT^2}$$

若简单认为潜热是一常数，不随温度变化，则解得

$$\ln p_S = -\frac{Q}{RT} + A$$

A 为积分常数。饱和蒸气压为

$$p_S = p_0 e^{-1/RT} \tag{5.1.8}$$

上式尽管不十分准确，但至少表明，饱和蒸气压随温度升高而快速增加。

若图 5-1-6 中容器内置的不是液体水而是固态冰，少数高能分子仍可能由固态中脱出成为气体分子。这就是升华过程。同样可求出升华过程饱和蒸气压与温度的关系，形式上也应和(5.1.8)式差别不大。

5.2　自然界中的水循环

我们用“自然界”来表示地球表层、海洋、大气层及其中活跃的生物界。无疑，水是自然界形成当前状态，特别是生命存在最重要的物质。从物理学角度看，地球的自然条件与大量存在水的特性如此“奇妙”地配合，使得人们相信，在宇宙中寻找类似地球现状行星的可能性是极其、极其的小。我们这里只列出水的一些重要的特性。

(1) 水是自然界自然条件范围内(例如在一个标准大气压附近，温度在−100℃—100℃以内)，固、液、气三相都有可能存在的唯一的一种物质。由于以下还要进一步解释的一些特性(如在 0℃附近，冰的密度比液体水小；液态水的汽化热很高等)，液态水的存在十分稳定。据统计，地球表面 75%的面积为水(主要是液态水)所覆盖，其体积约 $1.386\times10^{18}\text{m}^3$，或质量为 $1386\times10^{18}\text{t}$。

图 5-2-1 是地球表面水的分布。必须指出，地球能够在长时间在地表保持那么多液态水，是与地球具有足够的质量(足够的引力)、适宜的温度(距内太阳的距离合适)等因素有关。

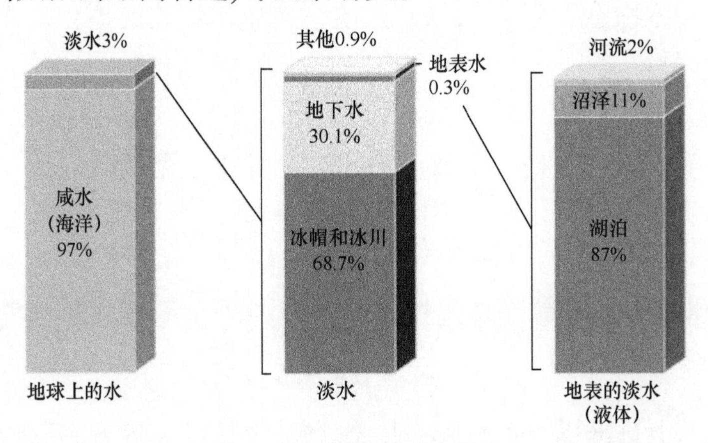

图 5-2-1　全球的水分布估计

(2) 由于在不同地区大气的蒸发和凝结过程中，地表液态水分布不是静止于各地区，部分水参与了“水循环”过程，如图 5-2-2 所示。

图 5-2-2　自然界的水的循环

地面水(主要是海水)蒸发成水汽，通过气流转移到陆地，凝结成小水珠(云)，并进一步凝聚降雨或降雪到地面，进入河流，或渗入地下，最后又排入海洋。循环过程“海水-水汽-纯水-海水”称为自然界的“水循环”。液体水有比较大的汽化热，见图 5-2-3。水的比较大的汽化热使

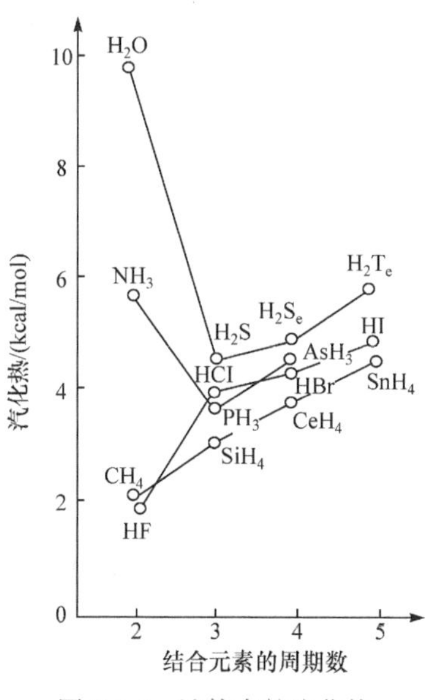

图 5-2-3　液体水的汽化热

得水循环不太激烈(例如在同样气温条件下，海水蒸发量不那么大，降雨不那么强，洪水比较小等)，对于形成更合适的地表条件，对生物的生存、进化都更为有利。在自然界发生的水的相变过程，使地表水形成一个活跃的“水循环”过程，对自然界的“进化”起了决定性作用。液态水有较大的比热，温度在0℃到100℃之间，摩尔比热大约都在18cal/(mol · K)(固态金属、冰或水汽等的摩尔比热都小于 10cal/(mol · K))，汽化热也比较高，因此大量的地表水能较好地调节地表温度。

(3) 液态水是非常好的，它是普适性的溶媒，相当多的非金属物质(特别是含有氢、氧、碳、氯的化合物，如甲醇、氨、盐等)都可溶于水中。因此，不仅仅生命可能起源于水中，目前仍有超过一半的生物生活在水下；而且即使生活在陆地上的生物体本身也都含有相当比例的水。例如，人体就含有 55%—78%的水分，血液含水分在 80%以上，大脑含水分 70%。生物体内各器官间甚至细胞间信息传递的生化过程的调节等，也主要是靠在体内移动的各种溶液。水是生命的基本过程(如新陈代谢、光合作用)的直接参与者。大量液态水的存在是生命存在和进化、发展的必要条件。

(4) 水在标准条件(一个标准大气压，0℃)附近的“反常特性”，也是自然界能够发展的重要因素。图 5-2-4 是水在冰点上、下，水或冰的密度与温度的关系。在 4℃以上，液态水的密度随温度上升而下降，这是正常的热膨胀过程。0℃至 4℃之间，水变为负膨胀系数材料(见图 5-2-4 中左边的小图)。在接近相变点很小温度范围内，水膨胀系数的变符号，这是较难理解的。更为反常的是，冰融化成水需要 25.2kcal/mol 的溶解热，即在冰中水分子结合得比在水中更紧(平均每个分子结合能更大)；但冰的密度只约为水密度的 92%，即液体水中水分子间距比冰中小。

上述水的特性决定了温度在 0℃以下时，地面水温的层性结构，如图 5-2-5 所示。冬天气温低于 0℃时，地面水开始凝结的冰浮在水上，最终形成一个冰壳完整地盖在水上，保护了下面的水不再继续结冰，形

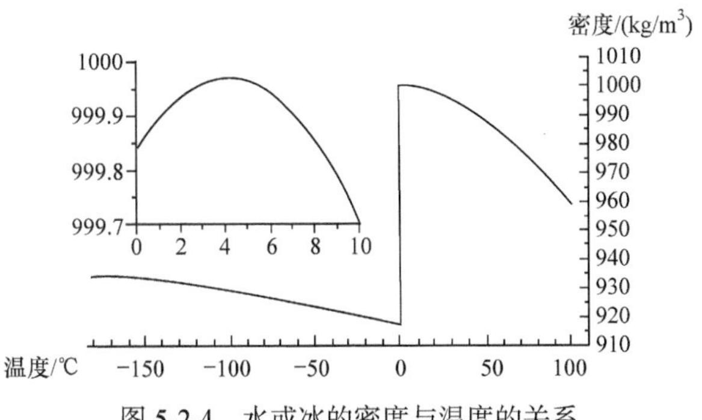

图 5-2-4 水或冰的密度与温度的关系

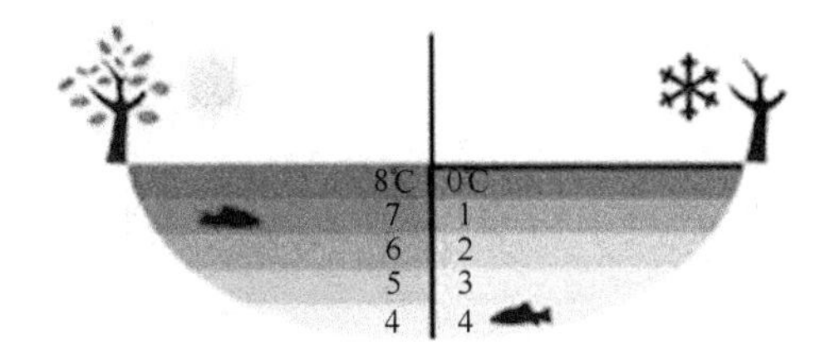

图 5-2-5 地面水温的层性结构

成了如图 5-2-5 所示的温度结构。在海面结冰的区域也是如是。这就保证了绝大部分地表水都以液体状态覆盖于地表，保证了在水中的生物始终可以生活在 4℃的水中，也保证在任何地区都可以取得液态水。

以上只列举了水的几点重要特性以及其在自然界的作用。人们对水的认识仍有很多需进一步推进。

思 考 题

5.1 什么是相？什么是相变？

5.2 两相平衡的条件是什么？

5.3 什么是饱和蒸气压？它与什么因素有关？

5.4 什么是过冷液体？什么是过热蒸气？

5.5 蒸发与沸腾的区别是什么？

5.6 试推导卡拉珀龙方程(5.1.7)。

5.7 通常在空气的对流层(0~12km)温度随高度的增加而减小，而在其上的平流层(12～50km)温度随高度的增高而增加。

(1) 平流层中气温随高度的增加而升高的原因是什么？

(2) 平流层在对流层之上完全包围着地球，平流层中这样的温度分布是如何保持不变的？

(3) 在对流层顶发射的声波能够在原高度传播很远，声波的强度按$1/R$衰减，请解释。

习　题

5.1　湖面上的水和空气在稍高于冰点的温度处于热平衡。空气温度突然降低ΔT。用单位体积的潜热L/V和冰的热导率κ表示出作为时间函数的湖面上冰的厚度。假设ΔT足够小，冰的比热可忽略。

5.2　池水面上冻结了1cm厚的冰层。冰上面的温度为$-20℃$。求：

(1) 冰层厚度增加的速率；

(2) 多长时间冰层的厚度增加一倍？(冰的热导率$\kappa = 5\times 10^{-3}\mathrm{cal/(cm\cdot s\cdot ℃)}$，冰的潜热$L = 80\mathrm{cal/g}$，水的质量密度$\rho = 1\mathrm{g/cm}$)。

5.3　1mol非理想气体的范德瓦耳斯气体的物态方程满足(2.3.4)式。

(1) 在p-V平面上,粗略画出几条范德瓦耳斯气体的等温线(V沿水平轴，p沿竖直轴)，确定出临界点。

(2) 计算临界点处的无量纲比值pV/RT。

(3) p-V平面低于临界点的部分，气液能共存。在该区域中，范德瓦耳斯方程给定的等温曲线是非物理的，必须修正。物理上正确的等温线是等压线，即压强与体积无关，亦即$p_0(T)$。麦克斯韦提出，选择$p_0(T)$使这修正的等温线以下的面积与原始等温线(范德瓦耳斯等温线)以下的面积相等。画出修正的等温线并解释麦克斯韦建议的思想。

(4) 证明范德瓦耳斯气体的摩尔定容比热容仅为温度的函数。

5.4　假设从温度$T = 300\mathrm{K}$的表面释放一个分子需要能量0.05eV，试问以J/mol为单位所表示的汽化热是多少？

5.5　20g、0℃的冰掉入装有120g、70℃水的烧杯中，忽略烧杯的热容量，计算混合后的最终温度(冰的溶解热为80cal/g)。

5.6　在大气压强 p_0=1.013×10^5Pa 下，有 4.0×10^{-3}kg 酒精沸腾变为蒸气。已知酒精蒸气比容(单位质量的体积)为 $0.607\text{m}^3/\text{kg}$，酒精的汽化热为 $l=8.63\times10^5$J/kg，酒精的比容(单位质量的体积) v_1 与酒精蒸气比容 v_2 相比可以忽略不计，求酒精热能的变化。

5.7　假定在 100℃和 1.01×10^5Pa 下水蒸气的潜热是 2.26×10^6J/kg，比容(单位质量的体积)是 $1650\times10^{-3}\text{m}^3/\text{kg}$，试计算在气化过程中所提供的能量用于做机械功的百分比。1kg 的水在正常沸点下气化时，其焓、热能、熵的变化分别是多少？

5.8　在三相点附近，固态氨的蒸气压方程和液态氨的蒸气压方程(单位均为大气压强)分别为 $\ln p=23.03-\dfrac{3754}{T}$，$\ln p=19.49-\dfrac{3063}{T}$。试求氨的三相点温度和压强以及氨在三相点的汽化热、升华热和溶解热。

5.9　液态 He^4 的正常沸点为 4.2K，压强降为 $1.33\times10^2\text{N}/\text{m}^2$ 时的沸点是 1.2K。试估计 He^4 在这一温度范围内的平均汽化热。

5.10　如果1kg 的水和环境处于 $t_0=25$℃ 的热平衡，为了把这1kg 水冻成0℃的冰，至少需要做多少功？冰的溶解热为 $L=80$cal/g，$C_p=1\text{cal}/(\text{g}\cdot\text{K})$。

第 6 章　化学热力学

6.1　化 学 反 应

6.1.1　反应热

前面章节中的内容都是在物质组成，即化学成分不发生变化的情况下论述的。本章所讨论的内容是关于分子原有的化学键被破坏，新的化学键形成，即化学成分发生变化的化学反应，如图 6-1-1 所示。分子要发生化学反应，首先要发生碰撞。一般来讲，为了使一个化学反应能自发进行，只有当系统的终态较之它的初态具有较低的自由能，而且反应发生前，反应物中的一个或几个必须激发到较高的能量状态。这个能量势垒称为正向反应的活化能 E_a 。类似地，在逆向反应中，将生成物激发到活化状态所需要的能量 E_b 称为逆向反应的活化能。反应热 Q 定义为

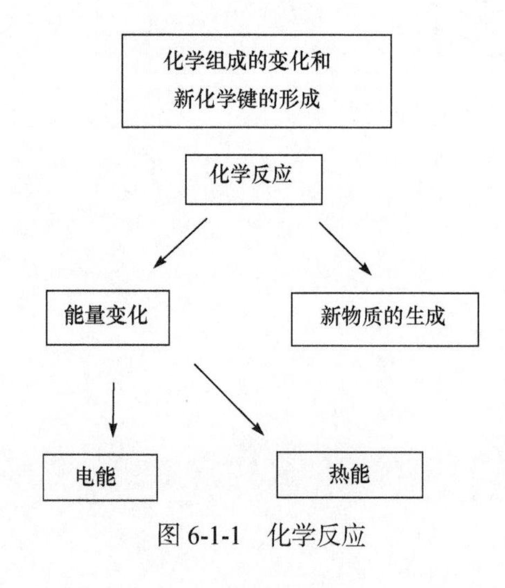

图 6-1-1　化学反应

$$Q = E_b - E_a \tag{6.1.1}$$

正向反应速率正比于 $\exp\left(-E_a / k_B T\right)$，说明活化能越大，温度越低，反应速率越小。通常把反应物和生成物之间的焓的差值称为反应热。值得指出的是，反应热是在一定温度和压强条件下定义的。放热反应时，产生热量，生成物的温度并不一定升高，比如：热量全部释放，生成物温度没有升高；反之，如果热量没有散失，全部用来使生成物温度升高；或者这两种情况之间的情形同时存在。温度一定是指生成物的温度没有升高。为了求出反应热，必须先知道反应物和生成物的焓的差值。由于相同的反应物可以生成不同的生成物，例如：反应物甲烷(CH_4)和氧气(O_2)反应，可能生成二氧化碳(CO_2)、水(H_2O)、一氧化碳(CO)、碳(C)等多种物质。随着反应条件不同，生成物中各成分的比例会发生变化。因此，有必要根据生成物组成可能发生的变化预先给出各种可能焓的差值。

6.1.2　标准生成焓

正因为如此，首先需要确定基准物质，然后与这一物质相比较，相对应的焓的差值就可以求得。因此，我们定义了生成焓这一物理概念，用 $\Delta_f H$ 表示。利用生成焓，可以简单求解所有化学反应的反应热。作为基准物质，应该具有在常温常压下稳定的特性，通常把标准条件下稳定的单质，如氢气、氮气、氧气、碳(石墨)、硫(硫黄)等作为标准物质。标准条件下，由标准物质生成新物质时的焓，称为标准生成焓，记作 $\Delta_f H^o$。这里，右上角“o”表示标准条件，即在一个标准大气压下的状态。因为标准物质由标准物质生成，因此 $\Delta_f H^o$ 为零。这些标准物质的共同特点是由单一元素组成的。由于这些物质之间不能相互转化，并且在标准条件下是稳定的，因此它们的基准值都为零。代表性化学物质的标准生成焓如表 6-1-1 所示。

表 6-1-1　标准生成焓 $\Delta_f H^o$　　(单位：kJ/mol)

温度/K	298.15	500	1000	1500	2000	2500	3000
H_2	0	0	0	0	0	0	0
H	217.999	219.254	222.248	224.836	226.898	228.518	229.790

续表

温度/K	298.15	500	1000	1500	2000	2500	3000
C_2H_2	226.731	226.227	223.669	221.507	219.933	218.528	217.032
CH_4	−74.873	−80.802	−89.849	−92.553	−92.709	−92.174	−91.705
CO	−110.527	−110.003	−111.983	−115.229	−118.896	−122.994	−127.457
CO_2	−393.522	−393.666	−394.623	−395.668	−396.784	−398.222	−400.111
H_2O	−241.826	−243.826	−247.857	−250.265	−251.575	−252.379	−253.024
NO	90.291	90.352	90.437	90.518	90.494	90.295	89.899
N_2	0	0	0	0	0	0	0
OH	38.987	38.995	38.230	37.381	36.685	35.992	35.194
O_2	0	0	0	0	0	0	0
C	0	0	0	0	0	0	0

如果我们确定了基准物质，就可以通过生成物和基准物质的生成焓，与反应物和基准物质的生成焓的差值来求得反应物和生成物之间焓的差值，即反应热：

$$\Delta_r H^o = \Delta_f H^o_{\text{product}} - \Delta_f H^o_{\text{reactant}} \tag{6.1.2}$$

其中 $\Delta_f H^o_{\text{product}}$ 和 $\Delta_f H^o_{\text{reactant}}$ 分别是生成物和反应物与基准物质的生成焓。

例 6.1 1mol 氢气和 0.5mol 氧气的化学反应式为

$$H_2 + \frac{1}{2}O_2 \to H_2O \tag{6.1.3}$$

求这一反应在 298.15K 时的反应热。

解 由于反应左右两边共有 3 种物质，它们均由标准物质生成。左边氢气由标准物质直接生成，其生成焓 $\Delta_f H^o_{H_2} = 0$，同样氧气的生成焓 $\Delta_f H^o_{O_2} = 0$。右边的水(气态)由 1mol 标准物质氢气和 0.5mol 标准物质 O_2 生成，其标准生成焓

$$\Delta_f H^o_{H_2O} = -241.826\text{kJ/mol}$$

反应热是右边生成物的标准生成焓 $\Delta_f H^o_{H_2O}$ 与左边反应物的标准生成焓 $\Delta_f H^o_{H_2} + 0.5\Delta_f H^o_{O_2}$ 的差值，即 $\Delta_r H^o = -241.826 \text{kJ/mol}$。

此外，利用标准生成焓，也可以求解吸热反应的反应热，如

$$CH_4 + H_2O \rightarrow CO + 3H_2$$

这里，左边 CH_4 由标准物质 C 和 H_2 反应生成，$\Delta_f H^o_{CH_4} = -74.873 \text{kJ/mol}$，水的标准生成焓为 $\Delta_f H^o_{H_2O} = -241.826 \text{kJ/mol}$，CO 由标准物质 C 和 O_2 生成，其标准生成焓为 $\Delta_f H^o_{CO} = -110.527 \text{kJ/mol}$。因此该吸热反应在 298.15K 时的反应热为

$$\begin{aligned}\Delta_r H^o &= (\Delta_f H^o_{CO} + 3\Delta_f H^o_{H_2}) - (\Delta_f \mathrm{H}^o_{CH_4} + \Delta_f \mathrm{H}^o_{H_2O}) \\ &= (-110.527 + 3\times 0) - (-74.873 - 241.826) \\ &= 206.172 \text{kJ/ mol}\end{aligned}$$

总之，不管什么样的化学反应，只要求得反应物和生成物的标准生成焓，将生成物的标准生成焓的和与反应物的标准生成焓的和相减，就可以计算出反应热的理论值。

6.1.3　化学反应中的能量转换过程

在上节例 6.1 氢气的化学反应中，反应物的焓高于生成物的焓，因此氢气的化学能转化为热能。在热能的利用上，有的是以使物质的温度上升作为最终使用目的的(如家庭中所使用的燃气灶和热水器等)，也有许多发热的化学反应产生的热能通过其他的能量转换过程转化为电能或做功。氢气可不经燃烧直接转化为电能。

一般来讲，化学反应的进行，是为了将反应前后由于能级变化所产生的能量(反应热)作为电能或热能加以利用，或者为了生成新的物质，如图 6-1-1 所示。1mol 氢气，通过化学反应(6.1.3)，如果利用燃料电池，最大可获得 228.6kJ 的电能。燃料电池示意图如图 6-1-2，这里，阴极提供氢气，阳极提供氧气。阴极提供的氢气如果是分子状态的话不能通过电解质膜。氢气被用铂作涂层的阴极催分解为两个氢离子和两个电子，

阳极和阴极之间是离子能通过而电子不能通过的固体高分子膜电解质，电子在电解质外侧形成通路。氢离子渗透过电解质移动到阳极，并在阳极与电子和氧气反应产生水，即化学反应(6.1.3)。燃料电池不存在热能转换，而是将氢气所具有的化学能直接转换成了电能。

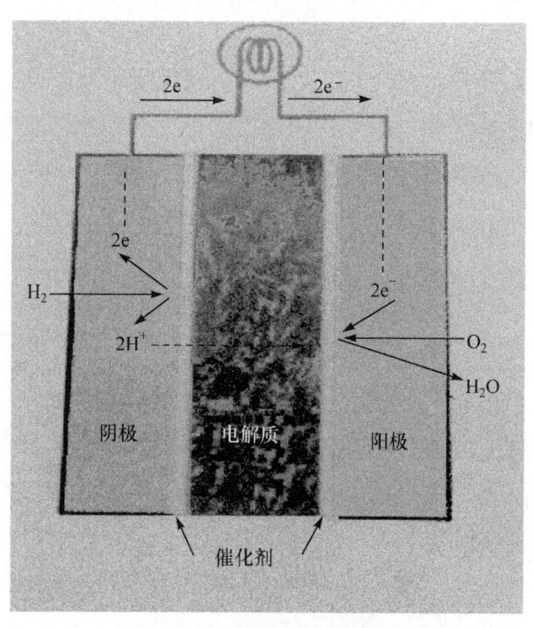

图 6-1-2　燃料电池示意图

同样是化学反应(6.1.3)，如果通过燃烧，反应热是241.1kJ，略高于燃料电池。通常获取能量的化学反应可以分为两类：一是直接获取电能的反应；二是获取热能的燃烧反应。获取热量的燃烧反应的特点是通过燃料的迅速氧化同时产生大量热量，燃料和氧气反应是重要的化学反应。燃料是一种可以和氧气发生剧烈反应释放出热能的物质，分为固体燃料(如煤等)、液体燃料(如石油等)、气体燃料(如天然气等)。固体燃烧的形式是通过蒸发和热裂解所产生的挥发性成分的气相反应以及残余的固定碳的表面燃烧进行的。液体燃料的燃烧是液体表面被蒸发的燃料蒸气与空气中的氧气所进行的气相反应。气体燃料是通过气相反应进行燃烧，有燃料与空气预先混合后进行燃烧的预混合燃烧以及燃料与空气分别供给，在燃烧室内二者相互扩散进行燃烧的扩散燃烧。在当代，石油、天然气、煤等的燃烧是提供人类所必需大约 85%能量的化学反应。不过，大家广泛关注的全球变暖、酸雨等环境问题的产生，都是由于这类化石燃料燃烧产生的，超出了地球自净能力所能承受的范围。

这里值得说明的是，在反应式(6.1.3)中，反应前的氢气和氧气在反应后并没有全部转化为水，还有少量的氢气和氧气残留。事实上，在利用化学反应生成新物质时，反应能进行到什么程度至关重要。另外，反应温度和压力也会影响反应进程。这属于化学反应平衡的范畴。

6.2　化学反应平衡

在前面讨论混合理想气体的热力学状态时，没有考虑各组元间能够发生化学反应的情况。例如，1mol 氢气和 1mol 氧气在室温和一个标准大气压下混合，该混合物可以保持热力学平衡态长久不变，即压力、温度和成分不变。但若加入接触剂或引入电火花，可以立即发生爆炸，最后压力、温度和化学成分都有很大变化。如果使混合物恢复到原先的压力和温度，检查其成分，将得到 0.5mol 的氧气和 0.5mol 的水蒸气。这个结果与接触剂的量和质都没关系，接触剂在反应前后并无变化，即没有参加反应。该结果指出混合物的初态仅仅达到了力学和热平衡，并未达到化学平衡。

6.2.1　平衡条件

为了研究化学反应平衡，以氢气和氧气化合生成水为例，(6.1.3)式又可写为

$$O_2 + 2H_2 \rightleftharpoons 2H_2O \tag{6.2.1}$$

该反应可写为

$$2H_2O - O_2 - 2H_2 = 0 \tag{6.2.2}$$

在一般情况下，若 A_i 表示参与反应的物质，s_i 表示反应过程中该物质的摩尔数，则反应可写为

$$\sum_i s_i A_i = 0 \tag{6.2.3}$$

将(6.2.3)式用于(6.2.2)式，有

$$A_1 = H_2O,\quad s_1 = 2,\quad A_2 = O_2,\quad s_2 = -1,\quad A_3 = H_2,\quad s_3 = -2$$

再看多元单相系的热力学方程为

$$dG = -SdT + Vdp + \sum_i \mu_i dN_i \tag{6.2.4}$$

这里，μ_i 是组分 i (摩尔数为 N_i)的化学势。等温等压下，平衡条件为 $dG = 0$ ，所以单相系的化学平衡条件为

$$\sum_i \mu_i dN_i = 0 \tag{6.2.5}$$

在化学反应平衡中，dN_i 与 s_i 成正比，故多元单相系的化学平衡条件为

$$\sum_i s_i \mu_i = 0 \tag{6.2.6}$$

6.2.2 平衡常数

通常，理想气体的化学势可以表达为

$$\mu_i = RT(\varphi_i + \ln p_i) \tag{6.2.7}$$

其中 p_i 为组分 i 的压强，

$$\varphi_i = \frac{h_{0i}}{RT} - \frac{1}{R}\int \frac{dT}{T^2}\int c_{pi} dT - \frac{s_{0i}}{R} \tag{6.2.8}$$

是温度的函数。这里 h_{0i} ，c_{pi} ，s_{0i} 分别是组分 i 的摩尔初态焓、摩尔定压热容量、摩尔初态熵。将(6.2.7)式代入(6.2.6)式，得

$$RT\sum_i s_i(\varphi_i + \ln p_i) = 0 \tag{6.2.9}$$

令

$$\ln K_p = -\sum_i s_i \varphi_i \tag{6.2.10}$$

则

$$\Pi p_i^{s_i} = K_p \tag{6.2.11}$$

从(6.2.10)式可知，在一定温度下，K_p 是个常数。该常数叫定压平衡常数。(6.2.11)式称作质量守恒定律。根据该定律可以计算化学反应平衡时各组元的数量之间的关系。通常把(6.2.11)式用组元的浓度表示，在应用上更为方便，因为 $p_i = \dfrac{N_i RT}{V}$，而各组元的浓度，即单位体积中的摩尔数为 $c_i = \dfrac{N_i}{V}$，所以可以利用这些表达式把(6.2.11)式改写为

$$\Pi c_i^{s_i} = K_c \tag{6.2.12}$$

其中 $K_c = (RT)^{-\sum_i s_i} K_p$。(6.2.12)式是质量守恒定律的另一种形式。$K_c$ 叫做定容平衡常数，它仅仅是温度的函数。

质量守恒定律还可用组元的相对摩尔数表示，即用 $x_i = \dfrac{p_i}{p}$ 表示，则(6.2.12)式变为

$$\Pi x_i^{s_i} = K \tag{6.2.13}$$

其中 $K = p^{-\sum_i s_i} K_p$ 是平衡常数，它是温度和压力的函数。在 $\sum_i s_i = 0$ 时，K 仅仅是温度的函数。

质量守恒定律仅仅指出了化学平衡时的关系。如果系统处在非化学平衡态，则将进行单向的过程，吉布斯函数减小，因此有

$$\sum_i s_i \mu_i < 0 \quad 或 \quad \Pi p_i^{s_i} < K_p \tag{6.2.14}$$

下面举例说明化学平衡的质量作用定律。首先讨论化学反应

$$CO_2 + H_2 \rightleftharpoons CO + H_2O \quad 或 \quad CO + H_2O - CO_2 - H_2 = 0$$

在这个化学反应中，$\sum_i s_i = 0$。如果用 x_1 表示平衡时 CO 的成分，x_2 表示 H_2O 的成分，x_3 表示 CO_2 的成分，x_4 表示 H_2 的成分，则有

$$\frac{x_1 x_2}{x_3 x_4} = K \tag{6.2.15}$$

在一定温度下，K 是个常数。表 6-2-1 表示温度 $T = 1259\text{K}$ 时 $CO_2 + H_2 \rightleftarrows CO + H_2O$ 的平衡实验数据。

表 6-2-1　温度为 1259K 时 $CO_2 + H_2 \rightleftarrows CO + H_2O$ 的平衡实验数据

x_1	x_2	x_3	x_4	K
0.094	0.094	0.0069	0.805	1.60
0.2296	0.2296	0.0715	0.4693	1.58
0.2790	0.2790	0.2122	0.2295	1.60
0.2645	0.2645	0.3443	0.1267	1.60
0.2282	0.2282	0.4750	0.0685	1.60

其次讨论 N_2O_4 分解为 NO_2 的反应：$2NO_2 - N_2O_4 = 0$。此时 $\sum_i s_i = 1$，平衡条件是

$$K_p = \frac{p_1^2}{p_2} = \frac{x_1^2}{x_2} p \tag{6.2.16}$$

设反应开始时完全为 N_2O_4，总摩尔数为 N_0。如果反应平衡时只有一部分 N_2O_4 分解，即有 εN_0 摩尔被分解，尚有 $N_0(1-\varepsilon)$ 摩尔的 N_2O_4 没分解。用 N_1 表示平衡时 NO_2 的摩尔数，N_2 表示 N_2O_4 的摩尔数，不难算出，$N_1 = 2N_0\varepsilon$，$N_2 = N_0(1-\varepsilon)$，ε 叫分解度。于是，平衡时，总摩尔数为

$$N = N_1 + N_2 = N_0(1+\varepsilon)$$

而

$$x_1 = \frac{N_1}{N} = \frac{2\varepsilon}{1+\varepsilon}, \quad x_2 = \frac{1-\varepsilon}{1+\varepsilon} \tag{6.2.17}$$

把(6.2.17)式代入(6.2.16)式，得

$$K_p = \frac{4\varepsilon^2}{1-\varepsilon^2} p \tag{6.2.18}$$

该式表明：若分解度能够测定，就可以算出平衡常数 K_p。ε 可以从气体的密度算出，并容易证明 ε 和初态气体密度 ρ_0 和平衡态气体密度 ρ_e 的关系为

$$\varepsilon = \frac{\rho_0}{\rho_e} - 1 \tag{6.2.19}$$

表 6-2-2 给出温度 $T = 332\text{K}$ 时反应 $N_2O_4 \rightleftarrows 2NO_2$ 平衡时的实验数据。

表 6-2-2　温度为 332K 时 $N_2O_4 \rightleftarrows 2NO_2$ 平衡反应数据

p (大气压)	ρ_0 (空气 $\rho = 1$)	ρ_e (空气 $\rho = 1$)	$\varepsilon = \frac{\rho_0}{\rho_e} - 1$	$K_p = \frac{4\varepsilon^2}{1-\varepsilon^2} p$
0.124	3.179	1.788	0.777	0.752
0.241	3.179	1.894	0.678	0.818
0.655	3.179	2.144	0.483	0.797

现在讨论平衡常数的性质。将(6.2.8)式代入(6.2.10)式，得

$$\ln K_p = -\frac{\sum_i s_i h_{0i}}{RT} + \frac{\sum_i s_i}{R} \int \frac{\mathrm{d}T}{T^2} \int c_{pi} \mathrm{d}T + \frac{\sum_i s_i s_{0i}}{R} \tag{6.2.20}$$

又由(6.2.10)式得

$$\frac{\mathrm{d}\ln K_p}{\mathrm{d}T} = -\sum_i s_i \frac{\mathrm{d}\varphi_i}{\mathrm{d}T}$$

而

$$\frac{\mathrm{d}\varphi_i}{\mathrm{d}T} = -\frac{h_{0i}}{RT^2} - \frac{\int c_{pi} \mathrm{d}T}{RT^2} = -\frac{1}{RT^2}\left(h_{0i} + \int c_{pi} \mathrm{d}T\right) = -\frac{h_i}{RT^2}$$

因此

$$\frac{\mathrm{d}\ln K_p}{\mathrm{d}T} = \frac{\sum_i s_i h_i}{RT^2} = \frac{\Delta H}{RT^2} \tag{6.2.21}$$

其中 ΔH 是系统总焓的改变。在等压过程中，系统的焓变等于系统与外界交换的热量。该热量的交换就是化学反应的结果，即反应热。

当$\Delta H > 0$，反应是吸热反应，K_p随温度增加而增加。因此，如果系统的温度增加，则平衡破坏。此时$\Pi p_i^{s_i} < K_p$，反应将向正方向进行，即向吸热方向进行，于是将使温度降低。如果$\Delta H < 0$，反应为放热反应。若系统温度增加，则K_p减小，反应将向负方向进行，即向吸热方向进行，结果使温度降低。由此得出结论：把平衡态的某一因素改变，将使平衡态向抵消改变的效果的方向转移，该结论叫勒夏特列原理。

由

$$\frac{\mathrm{d}}{\mathrm{d}p}\ln K = -\frac{\sum_i s_i}{p} = -\frac{\Delta V}{RT} \tag{6.2.22}$$

知，无论ΔV正负，若使平衡系统在等温下改变压强，系统总是向抵消改变的方向转移。

思 考 题

6.1　反应热和焓变的区别是什么？

6.2　化学反应达到平衡时宏观和微观特征有什么区别？

6.3　如果一反应的吉布斯自由能等于零，则该反应是什么反应？

6.4　熵变等于零的过程是热力学过程？

6.5　输出功与化学势有什么关系？

6.6　热力学第一定律$\mathrm{d}U = \mathrm{d}Q - p\mathrm{d}V$的适用条件是什么？

6.7　怎么理解化学反应与源和漏的关系？

习 题

6.1　已知在标准条件下石墨的燃烧焓为-393.7kJ/mol，石墨转变为金刚石的反应热为$+1.9\text{kJ/mol}$，则金刚石的燃烧焓是多少？

6.2　冰的溶解热为330.5J/g，则1g、$0℃$的水凝聚成同温度的冰时，其熵变为多少？

6.3　反应 $Pb + Hg_2Cl_2 = PbCl_2 + 2Hg$，在101.3kPa和298.2K时，在可逆电池中做功103.4kJ，吸热8.4kJ，则 $\Delta_r H$ 为多少？

6.4　40℃时，纯液体 A 的饱和蒸气压是纯液体 B 的两倍，组分 A 和 B 能构成理想液态混合物。若平衡气相中组分 A 和 B 的摩尔分数相等，则平衡液相中组分 A 和 B 的摩尔分数之比为多少？

主要参考文献

李椿, 章立源, 钱尚武. 2008. 热学. 北京: 高等教育出版社.
秦允豪. 2004. 热学. 北京: 高等教育出版社.
圆山重直. 2011. 热力学. 张信荣, 王世学, 等译. 北京: 北京大学出版社.
张玉民. 2006. 热学. 北京: 科学出版社.
赵凯华, 罗蔚茵. 1988. 热学. 北京: 高等教育出版社.